SKYLINE
天 际 线

望远 知新

The Lives
of
Leaves

树叶的故事

[英国] 丹·克劳利
[加拿大] 道格拉斯·贾斯蒂斯

— 著 —

张雪

— 译 —

译林出版社

图书在版编目（CIP）数据

树叶的故事 / （英）丹·克劳利（Dan Crowley），
（加）道格拉斯·贾斯蒂斯（Douglas Justice）著；张
雪译. -- 南京 : 译林出版社，2025. 2. --（"天际线"
丛书）. -- ISBN 978-7-5753-0330-9

Ⅰ. Q94-49

中国国家版本馆 CIP 数据核字第 2024PW3402 号

THE LIVES OF LEAVES: WHAT LEAVES MEAN AND WHAT THEY MEAN TO US
Copyright © Dan Crowley and Douglas Justice 2021
Leaf illustrations © Carmi Grau
This edition arranged with Two Roads, an imprint of John Murray Press
Simplified Chinese edition copyright © 2025 by Yilin Press, Ltd
All rights reserved.
著作权合同登记号　图字：10-2022-69号

树叶的故事　[英国] 丹·克劳利　[加拿大] 道格拉斯·贾斯蒂斯 / 著
　　　　　　张　雪 / 译

责任编辑　杨欣露
装帧设计　韦　枫
封面插画　陆　莹
校　　对　梅　娟
责任印制　董　虎

原文出版　Hodder & Stoughton Limited, 2021
出版发行　译林出版社
地　　址　南京市湖南路 1 号 A 楼
邮　　箱　yilin@yilin.com
网　　址　www.yilin.com
市场热线　025-86633278
排　　版　南京展望文化发展有限公司
印　　刷　江苏凤凰通达印刷有限公司
开　　本　880 毫米 ×1240 毫米　1/32
印　　张　10.875
插　　页　6
版　　次　2025 年 2 月第 1 版
印　　次　2025 年 2 月第 1 次印刷
书　　号　ISBN 978-7-5753-0330-9
定　　价　69.00 元

目录

前　言

对于树木而言，除了令人意想不到的种类、尺寸、花朵、果实以外，我们首先注意到的就是树上的叶子。无论大小，树叶通常是树木最明显的特征。我们总是被树叶的绿色所吸引，在春天，新发的嫩叶意味着物质的丰饶，预示着未来一段日子的回暖。在秋天，随着气温下降、日照变短，大多数温带落叶树的叶子都会改变颜色，逐渐凋零散落。

树叶的尺寸、形状和颜色是帮助我们了解树木的主要特征，但还有些不太明显的线索可以指示多种树木间的无数联系，例如它们的化学性质、叶齿、叶脉和叶表结构等。鉴定树木有时只需要粗略一瞥（这是棵柳树，那是棵橡树），但有时还需要更仔细地观察。

树叶所揭示的不仅仅是树木种类的特征。形状和尺寸或许可以让我们了解树木适宜生长的气候，而防卫器官或许能提示我们哪种生物有可能食用它们。香味表明了树木与其他物种整体间的生物化学联系，或者可能令你想起某个熟人身上的香水味。

树木是光合自养生物：树叶可以利用阳光、水分、二氧化碳和土壤中的矿物质，通过光合作用来制造养料。生命所需要的氧气则是光合作用的副产物。这是我们人类的幸运，单单就此而言，树木以及长在树上的树叶就值得我们尊敬。当然，树叶的价值不仅如此。对于动物和人类而言，树叶是食物、药物以及遮蔽物的来源。就艺术主题而言，树叶图案是古老文明中常见的描绘对象，而且一直延续到当今的艺术与设计中。在某些地区，树叶甚至可以用来制作乐器。

遗憾的是，大自然中至少四分之一的树木种类如今正面临着灭绝的威胁。正如我们需要树木一样，树木也需要我们的帮助。和人类不同的是，植物无法站立或移动来躲避捕食者。但是，它们已经进化出数不清的巧妙方法来避免被捕食。可惜，不论植物进化得有多快，都仍然要面对多种威胁。在几乎所有地方，树木正陷入非可持续性采伐、栖息地被破坏与开发的险境。但是，如果我们能够更了解树木、更了解它们神奇的生活史，意识到这种复杂过程能够使树木存活并在支撑生态系统中发挥关键作用，或许我们可以做出更积极的改变来扭转现状。

关于树木的故事有许多：比如我们因为对树木过于熟悉而不予重视，比如某些树木因为过于普通且大肆生长而臭名昭著，还有一些极其稀有、十分独特的树木。这就是我们写下这本书的原因。树木和树叶给予我们灵感，我们希望这本书能激发并鼓励各位读者。我们在书中收入了来自世界各地的树叶的故事。我们选中的一些物种也生长在世界各地的植物园中，那里正是研究树叶或者仅仅是欣赏树木的最佳场所。此外还有更多的树木和树叶需要我们去探索。这本书并非想要解释关于树叶的一切，但我们希望读者能够在本书的引导下去挖掘更多知识。

在上千个物种中，我们精选了50种我们认为最有代表性的树木及其树叶。在这本书中，我们关注那些树叶具有有趣的化学性质、拥有令人印象深刻（有些甚至不太真实）的防卫器官以及其他特殊特征的树木。我们想强调树叶改变形状，成为昆虫的巢穴和储藏室，以及为人类和其他动物提供食物的能力，并重点介绍了树叶提供建筑材料及其他物质的价值。本书所收录的一些树木的树叶能够作为治疗药物使用。另一些物种则定义了它们所栖息的自然景观——这也代表着令人遗憾的人类入侵和人口膨胀。书中的许多树木目前都已成功被人类栽培应用，其中一些物种凭借木材而颇具经济价值，然而其他的野生物种，在还未被我们意识到它们的价值之前，就已经永远离开了我们。尽管这些不同的物种在特征上会有许多交叠——大量的树木都具有有趣的化学性质，极具实用价值和有效的自我保护能力，但我们已经尽力编排章节来囊括各种树木，以至少遵循章节所阐释的主题。

神奇的化学！

自然现象的多样性如此神奇，藏匿在天堂中的宝藏如此丰富，恰恰如此，人类应永不缺少新鲜的养料。

——约翰尼斯·开普勒

化学是生命的基础，也是树叶的基础。在发明分子遗传学（DNA）分析之前，对物种，尤其是大型植物类群进行鉴定的最重要工具之一就是分离并鉴定植物化学物质，即树叶中的植物化学成分。两种最明显的植物化学物质类群是色素（包括无处不在的花青素）和种类繁多的芳香族化合物，想想树叶的气味、花的芬芳和针叶树的香味吧。在北美鹅掌楸和糖槭中，我们发现花青素具有重要但不同的季节性作用，而花青素也决定了树叶是绿色还是紫铜色。芳香族化合物是连香树叶片的棉花糖芳香、黑胡桃叶片周围的新鲜割草气味、流经双子铁茎叶的致命毒素的主要组成成分。印楝的用途广泛，虽然这不切实际到令人难以置信（它既是有效的杀虫剂，又是安全的牙膏成分），不过还是要归结到其树叶与木质中的化学物质。显然，这些植物不仅仅是化学物质，但只要知道枫糖浆是光合作用的产物，我们就会明白树叶的化学作用确实非常神奇。

连香树
Cercidiphyllum japonicum

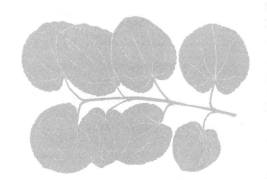

连香树的原产地仅局限于日本和中国东部，尽管它在可以生长的地区都成了极受欢迎的景观树，但连香树曾经分布得更为广泛。在北美、格陵兰岛、西欧和西伯利亚的沉积物中，连香树属化石十分常见，这意味着连香树早在数百万年前就已经存在，且远远早于人类出现在地球上开始欣赏它们的时间。

连香树是亚洲最高的开花树木。作为一种快速生长的落叶树，它具有广阔的圆形树冠，直立的树干通常多枝且贴合紧密，树皮扭曲并带有沟痕，宽广的分枝间隔适宜，这些特征让我们很容易把它识别出来。连香树的纹理与大多数其他的树木不同，它长得很高，在主枝的末端辐射生长出突出的分枝。同时，多节的"短枝"沿着树枝自然生长，每个短枝在生长季节都会长出一片叶子，它们每年最多延伸生长几毫米。就像银杏一样（见第255页），短枝的突出程度随着树龄的增长而增加，这使得成熟的连香树没有遮蔽的内部枝条在夏天显得枝繁叶茂，在冬天则显得有些凹凸不平，好在并不难看。

大多数连香树的新叶呈现出古铜色或橄榄绿色，甚至还有紫色。由于连香树的叶子是圆形或者心形的，所以很容易识别，它与紫荆属（*Cercis*）的南欧紫荆*和紫荆有些像——尽管要小得多——正是由于这种相似性，才有了连香树属的学名 *Cercidiphyllum*，即紫荆（*Kerkis*）和叶子（*phyllon*）。连香树的叶脉令人印象深刻，叶片边缘有细微圆齿且下弯，沿着细长的枝条紧密地对生。生长在短枝上的叶片通常更大更圆。仔细观察，就会发现连香树的叶片是蜡质的，背面通常为蓝色，而且叶片上有一种干燥的土豆皮的感觉，这令雨水以水珠的形式流下来，而水好像从未真正接触到叶子的表面。黯淡的蜡质似乎也能增强阳光在冠层中的吸收和传输，而不是将其反射出去。假如在灿烂的阳光里站在树下，可以看到每一片叶子都像是从里面被照亮了。

连香树的变种主要体现在春季时新生叶片的颜色深浅，以及

---

* 相传犹大自缢于此树上，英文中称之为"犹大树"（the Judas tree）。——译注

整体的树冠形状。颜色最深的叶片多源自中国（该变种有时被称为中华连香树，*C. japonicum* var. *sinense*），它们的叶色变异较多。中华连香树的幼苗经过园艺师的选育，便得到了"红狐"（Rotfuchs）*这个品种，它的小叶片在新叶时几乎是紫黑色的，待成熟后会褪成褐红色。起源于日本的连香树通常在叶形和颜色上与意料之中的一致。尽管如此，或许所有连香树中最著名的就是可以追溯到1635年的一个古老的日本品种，叫作"盛冈垂枝"（Morioka Weeping）。盛冈垂枝是一种优雅的垂枝连香树，主枝直立，侧枝优美地层流而下，它可以长得很高，树冠开展，与"垂枝"欧洲水青冈（*Fagus sylvatica* 'Pendula'）的特性相似。现存的盛冈垂枝都来源于日本北部盛冈市附近的龙源寺里的一棵植株。虽然还有其他几种垂枝和黄叶的连香树品种存在，具有垂枝和彩色叶片的植物在花园中也很常见，但这种突变在大自然中实属罕见。

很少会有害虫打扰连香树，虽然你偶尔能看到切叶蜂（*Megachile*）切出完美的圆圈，但它们几乎不会对树木造成伤害，而且还会效仿叶片边缘的圆形弧线。投机取巧的枯叶蛾毛虫（*Malacasoma*）有时会把巢穴搭在连香树的树冠上，却很少引发无处不在、摄取广泛的害虫侵袭，而且它们和切叶蜂通常就是昆虫

---

* 来源于德语中的"红狐"。——原注

来袭的极限了。病害在连香树中也很少见。虽然关于这一主题的研究很少，但连香树的化学性质显然在阻止食叶动物和致病微生物方面具有特殊的作用。如果你确实在自然景观中发现了已经死亡或垂死的连香树，一定是由于那些树木遭受了干旱胁迫，因为连香树对水分的需求和它通常的健康状况一样引人注目。

连香树属植物为雌雄异株（有单独的雄株和雌株），它微小的花通过风媒传粉。春天叶子萌发之前，在成熟的树枝上排列而生的短枝间会开出成百上千朵猩红色的小花。春天最美好的日子就从花朵在晨曦中沐浴开始，就像许多微小的红宝石一般。在雌树上，受精的花朵变成了一簇簇直立的种皮，如同一串串小香蕉，充满更微小的有翼种子。到了八月，干燥的果实裂开，数千粒微小的种子在短短几天的时间里就旋转着飘落到地面上。

虽然阴生植物通常不那么艳丽，但在秋天，簇叶丛生的连香树植株会焕发出柔和的温暖色彩，有黄色、珊瑚粉、红色和黑紫色，通常每次只有一根树枝改变颜色。如果这还不足以让人推荐它的话，那么连香树还有与众不同之处——它衰老的叶子闻起来带有焦糖的味道，有点像草莓、成熟的苹果或是棉花糖。到了那个时候，所有叶子都散发着一种沁人心脾的香味，就像夏季干旱期的落叶一样。如果深奥的化学名词不会破坏它的神秘感和吸引力的话，那么必须在此解释一下，这种甜味正是来源于叶片中储藏的淀粉被分解时所产生的麦芽糖（一种具有芳香的糖）。在花园里，当香味袭来时，人们会不由地放慢脚步，甚至停下来享受一番，但大多数人都不知道连香树的枯叶也会是这种美妙气味的来源。

双子铁

Dioon edule

　　双子铁是苏铁纲*的小树，是一种古老而非凡的裸子植物，与针叶树以及银杏有着亲缘关系。化石证据表明，苏铁纲植物形成于3亿年前，远远早于恐龙时代。苏铁在侏罗纪时期（大约2亿至1.45亿年前）最为多样化，当时，裸子植物是全球主要的植被形式，但是现在，苏铁只有2科约350个物种，分布在全世界的热带和亚热带地区。

　　被子植物（开花植物）的花以及胚珠（未受精的种子）是包裹在子房里的，而裸子植物与之不同，后者的胚珠是"裸露的"，

---

*原文为cycad，英文中常用该词泛指苏铁纲的植物，后文简称苏铁。——译注

通常与变态叶或鳞片一起组成球果。"裸子植物"一词来源于希腊语，翻译过来就是"裸露的种子"。

对于外行来说，如果没有球果的帮助，人们可能会把苏铁与棕榈相混淆。苏铁羽状深裂的叶片形成紧密的莲座丛，让人联想起一些棕榈的叶序。苏铁的球果可以达到接近桶状的尺寸，重量超过25千克。事实上，有几种苏铁在方言中被称为"棕榈"。在许多地区，二者也常有类似的用途，例如充当遮盖屋顶的茅草，正如粉酒椰一样（见第97页）。然而，从它们的花朵和果实结构来看，这两类植物并非密切相关，其叶片相似性只是趋同的结果，从进化上来说就是由不同的起点达成了相似的设计。和棕榈一样，有一些苏铁具有地下茎；有些苏铁则长出短小的树状茎并保持矮小的形态。大约三分之一的苏铁是真正的树木。

仔细比较棕榈和苏铁的叶片特征也可以发现一些差异。虽然棕榈和苏铁的叶片都呈螺旋状排列，但棕榈的叶痕几乎完全环绕茎或树干，而苏铁的叶痕则呈菱形或透镜状，叶基的排列也更紧密。苏铁的叶子是展开的，很像蕨类植物的"蕨叶"，而不是像棕榈那样，从折叠起来的扁平折纸状的芽扩展开来。虽然"双子叶植物"主要是指一类开花植物，但苏铁在严格意义上来说也算是双子叶植物，因为它们在萌发时会长出一对子叶。另一方面，棕榈则是真正的开花植物，并且是具有一片子叶的单子叶植物。

包括双子铁在内，大约20%的苏铁物种原产于墨西哥，它和世界上大多数苏铁一样面临着灭绝的威胁。除了栖息地的丧失、农业和气候变化的压力，苏铁也是偷猎者的目标。苏铁存活了大约3亿年，它们如今面临的最大威胁是非法的苗圃交易。收藏者有意购买这些植物，他们显然不仅无视法律，也无视苏铁自然生长的脆弱栖息地。少数物种目前在野外已经灭绝，仅以栽培植物的形式存在。这些物种中最著名的就是通过克隆养育在花园中的伍德氏非洲铁（*Encephalartos woodii*），因为这个物种至今只发现了一株雄性植株。由于所有的苏铁都是雌雄异株，所以伍德氏非洲铁无法完成有性繁殖，这个物种实际在功能上已经灭绝了。

　　在一些文化中，苏铁种子一直是，而且在许多情况下仍将是重要的食物来源，特别是在困难和饥荒时期。对于墨西哥锡犹*族土著人来说，双子铁一直是饮食的一部分，人们将其作为玉米的替代品，用碾碎的种子制成的面团来做类似玉米粉蒸肉、玉米馅饼和玉米卷饼的食物。双子铁的种加词*edule*意思为"可食用的"，这和它制作食物的用途有关。但是需要小心的是，由于苏铁的很多部位都是有毒的，植物组织通常要经过仔细的处理以去除毒素。例如，富含淀粉的双子铁种子周围的组织就有剧毒。完全去除这

---

* 即Xi'iuy，此处为音译。——编注

种被称为肉质种皮的覆盖物，种子就可以食用了。但是，脱毒过程不一定能完全到位。在日本南部的琉球群岛，俗称"日本西谷椰子"的苏铁（*Cycas revoluta*，是苏铁而非棕榈*）种子经发酵后可用于制造一种仍有微弱毒性的强效酒精饮料，但有些极其强效的产物已被证明对饮用者是致命的，这种饮料被贴切地称为"毒药清酒"。如此看来，就更不用说最初获取种子的风险了。琉球特有的一种有毒的黄绿原矛头蝮（*Protobothrops flavoviridis*）会在苏铁的叶子中间筑巢，并在种子上产卵。对于那些采集种子的人来说，选择一株被毒蛇占据的植物可能会导致意外死亡。

墨西哥的双子铁缺少常驻的蛇，但像许多苏铁植物一样，它并不缺乏个性。双子铁粗壮的树干上有一个紧密的树冠，长有30片左右长长的浅绿色羽状裂叶，每片叶具有多达160片小羽片，令人印象深刻。小叶通常边缘无刺，顶端有尖。虽然双子铁的球果有1英尺**长，但它的尺寸还是比部分苏铁要小得多。最大的苏铁球果长80厘米，属于另一种墨西哥的双子铁属物种多刺双子铁（*D. spinulosum*）。

据估计，双子铁的个体种已有2 000年的历史。这种植物的平均生长速度为每年1.7毫米，通常生长在恶劣干旱的条件下，在野

---

* 椰子属于棕榈科。——编注
** 1英尺等于30.48厘米。——编注

外或许只能长到2～3米高，但到了千年以后，大部分植物都会长成乔木。

双子铁在栖息地遭到大量的采集，同时也因栖息地的丧失而受到威胁，被致力于减少野生种群威胁的苏铁保护人员列入了观察名单。畜牧业对该物种构成了威胁，因为其有毒的种子和嫩叶对牲畜很有吸引力，而最简单的解决办法通常是将这些植物从牧场移除。食用这些嫩叶首先会导致奶牛生病，继而后肢瘫痪并最终死亡。因此，植物的毒性是对草食动物的一种高效防御，尽管随着农业的发展，最终失败的还是植物。然而，在锡犹族土著群体和麦士蒂索人中，双子铁仍被当作食物采集，他们试图令家畜和双子铁共存，并在双子铁叶片成熟、变得不那么美味之前，将奶牛养在远离双子铁植株的地方。

毒性只是双子铁生存策略的一方面，这种植物还会利用进一步的适应策略来应对干旱——这是一种许多沙漠植物共有的代谢途径，但在苏铁中显然十分独特。缺水时，双子铁能够利用一种被称为景天酸代谢（CAM）的途径来改良光合作用。植物并非在白天打开气孔，而是在夜间打开气孔，因此在很大程度上可以防止白天的水分流失。叶片能够在夜间吸收并浓缩二氧化碳，然后在第二天用其进行光合作用。景天酸代谢途径因最早在肉质的景天科青锁龙属植物（*Crassula*）上发现而得名，这种光合作用几乎只存在于被子植物中，是仙人掌以及许多其他沙漠植物的光合策略。除了双子铁以外，目前已知同样采用景天酸代谢途径的裸子植物只有百岁兰（*Welwitschia mirabilis*），这是来自非洲南部纳米布沙漠的一种贴近地面生长、长寿且拥有长叶子的独特物种。

除了这种在植物学上别具一格的适应性特征外，双子铁和其他双子铁属物种的叶片对于墨西哥和中美洲其他地区的人来说有着特殊意义。它们经常在宗教庆典中被用作装饰品，尤其与亡灵节相关——这是一个在11月1日和2日（天主教历法中的万圣日和万灵日）举办的充满缤纷色彩的节日，以表达对已故家庭成员的爱和尊重。现代庆典则是前拉美裔宗教传统和基督教节日的融合。家庭或社区庆祝活动的中心是一座装饰华丽的祭坛，用以欢迎逝者的灵魂回到家中。除了花朵之外，在可用的情况下，双子铁或其他双子铁属物种的叶子也会被用作展示的一部分。

在洪都拉斯的部分地区，洪都拉斯双子铁（*D. mejiae*）的叶片有着相似的用途，用于制作花圈以放在儿童的坟墓前祭奠。作为亡灵节庆典的一部分，彩绘或闪闪发光的花环可能会被带到墓地，不过在一些地方，现在使用的是纸或塑料替代品。教堂也会在圣周（在棕枝主日和复活节之间）装饰洪都拉斯双子铁树叶，并将其用于基督诞生场景以及9月15日的独立日。

人们认为，关于苏铁叶片的这些传统用法要早于基督教在中美洲的传播，而且双子铁叶片的耐久性和可操作性是受到采用的关键因素，它们在被切割后的很长时间内仍能保持绿色，因此能够在连续多天的节日展示中充分发挥作用。这些植物对于传统庆典和纪念活动极其重要，所以当地民众会大量种植这些植物以确保一直有叶片可用。那些了解这类物种的人对植物的敬畏可能正是它们存活下去的最大希望。

北美鹅掌楸

Liriodendron tulipifera

北美鹅掌楸是温带落叶阔叶树中最容易辨识的树种之一。它是北美东部落叶林中现存最大的古老树木，也是整个北美的第二大阔叶树——只有毛果杨（*Populus trichocarpa*）能超越它。对于一棵高大的北美鹅掌楸来说，树干挺拔，叶片仿佛飘动在云层中，绝对是一道风景。北美鹅掌楸除了体型巨大外，它的叶形也很突出，叶片正面深绿色，背面浅色，具有细长的叶柄。北美鹅掌楸的叶片很宽，基部有一对大裂片，尖端有一对浅裂，这种形状让它的叶片在众多温带树种中显得与众不同。

北美鹅掌楸的越冬芽很有特色，仅通过这些芽就能迅速识别植株。它们形似鸭嘴，由一对部分连接在一起的长圆形托叶组成，尖端趋于扁平。这些托叶在晚春脱落，露出里面正在发育的一片小叶。未展开的叶子纵向折叠并弯曲。这种折叠包裹方式被称为对折式幼叶卷叠——对折是纵向折叠的植物学术语，而幼叶卷叠指的是幼叶在芽内部的排列方式。仔细观察，在小叶下面可以看到第二个更小的托叶芽。这个托叶芽里还有一片更小的叶子，小叶里还有更小的托叶芽。所有的叶片都将按这种模式展开。随着茎的伸展，托叶逐渐脱落，在每个叶柄下方留下一条环绕着茎的浅痕，但到了冬天，在D形叶柄痕下方几乎就看不到这些痕线了。

鹅掌楸属（*Liriodendron*）同北美木兰属（*Magnolia*）一样，均属于木兰科（Magnoliaceae）。除了分布在美国的北美鹅掌楸外，还有另一种鹅掌楸（*L. chinense*）分布在中国中部和南部的温带及亚热带地区，以及邻近的越南北部。尽管相隔8 000英里*的距离，二者却并没有太大的区别，仅在郁金香状花朵内部的颜色上存在差异（鹅掌楸的英文俗名因此也叫作"郁金香树"，tulip tree）。二者的叶子相似，但有一些细微的差别；鹅掌楸的叶子可能稍大一些，至少年幼的植物叶片要比北美鹅掌楸的更"窄腰"。然而，这些特征并非总是一致，而且这两个物种的叶形和大小有相当大的

---

*1英里约等于1.6千米。——编注

重叠。化石证据表明，二者在大约6 500万年前发生了分化，这正是北美和欧亚大陆分裂的时期。

这两种植物在春天最容易区分，那时，鹅掌楸的叶子在变绿之前会呈现深紫色。这种强烈的色彩是由叶片中的花青素浓度造成的，在叶片产生大量的叶绿素之前，花青素的存在最为明显。

花青素是植物界常见的一组色素，在叶、花、果实和茎中表现为橙色、红色、紫色和蓝色（花青素的英文anthocyanin一词本身来源于希腊语*anthos*和*kyanos*，意为"花"和"蓝色"）。这些色素发挥着多种作用，包括在多个方面有效促进植物繁殖。例如，鲜艳的花朵和果实可以吸引传粉者和种子传播者。尽管花青素在植物与环境的相互作用中，特别是在成熟的叶、根和茎中的实际作用仍存在争议，但花青素也能提供化学保护，使植物免受生物逆境和非生物逆境的影响。根据不同的植物物种和生长阶段，花青素混合物具有明显不同的益处。

另一方面，花青素在春季鲜叶中的重要性广为人知，因为它们在防御中起着关键作用。然而，花青素的防御方式多种多样。首先，花青素有助于保护叶绿体免受强光的伤害（叶绿体是叶片内进行光合作用的场所），否则叶绿体会遭受无法弥补的损害。因此，花青素能有效地起到植物遮光剂的作用。

其次，植物拥有大量可以抵御食草动物的化学物质，花青素也是其中之一。在某些情况下，花青素色素本身可能会让潜在的捕食者觉得难以下咽，或者可能仅仅是因为花青素的颜色使叶子看起来不那么诱人。富含花青素的叶子颜色较深，在昏暗的森林背景中难以分辨。因此，那些寻找春季鲜嫩树叶的捕食者根本看不到这些叶片。

当然，不同地区的植物逆境明显有所不同，这或许能解释为什么同生长在西半球的北美鹅掌楸相比，生长在东半球的鹅掌楸会在春季表现出更鲜亮的花青素色彩。但这并不是说北美鹅掌楸不产生这些色素；它也产生花青素，但色素水平较低。显然，北美鹅掌楸能够更迅速地将其早期的注意力投入到其他地方，继续生产至关重要的叶绿素，以最大限度地发挥其光合潜力。

除了春天的叶片颜色，鹅掌楸和北美鹅掌楸叶片的另一处区别在于叶子的背面。你只要翻动树叶就可以看到颜色上的差异——北美鹅掌楸的叶片背面是浅绿色，而鹅掌楸则近乎蓝色。但要想了解这种差异背后的原因，你还需要利用手持透镜或类似的放大镜。仔细观察，你会发现鹅掌楸的叶背面覆盖着微小、密集的乳突——这种乳头状突起来源于最外层的叶片细胞——此外还有一层蜡质，使其表面呈现出独特的蓝色光泽。乳突并非鹅掌楸所独有。这种结构常见于适应干旱的耐旱植物，通过完善边界层的功能来防止过度的阳光照射，并且有助于减少水分流失，而在其他植物中，这些功能是由表皮毛来完成的。但乳突也为叶面提供了自干燥和自清洁服务。

这是怎么做到的呢？如此密集的排布意味着乳突之间只有极小的凹陷，其中有一层极薄的空气。由于水的表面张力（水滴形成珠状的趋势），水迅速从表面滴落，而不是渗入微小的缝隙，从而为叶片提供了强大的自干燥机制。至于这种实用功能为什么会存在，原因也很简单：去除可能受到污染并会滋生微生物的水，有助于保持叶片健康。

这种疏水性被称为"荷叶效应"，因为莲（Nelumbo）的叶片也采用了相同的防水机制。这种现象的自清洁功能正应用于油漆、屋顶瓷砖、衣服等合成产品中，其效用仍有待探索。

那么，为什么鹅掌楸能够形成这种奇妙的防水方式，而北美鹅掌楸却没有呢？这又回到了植物的环境压力上。对于北美东部森林里的一棵北美鹅掌楸来说，它所经历的降雨量并不需要这种特定机制来避免浸泡，而中国南部和越南北部的野生环境则近乎持续地受到夏季季风性降雨的影响。因此，仔细观察树木，尤其是那些可以预测天气的树木，你将获益良多。

糖槭

Acer saccharum

北美东部森林以能够在秋季展示出缤纷色彩的多样化物种组合而闻名。在长达一个月的秋季尾声，来自栎树（*Quercus*）、北美枫香（*Liquidambar styraciflua*）、多花蓝果树（*Nyssa sylvatica*）和其他槭树的鲜艳黄色、红色和橙色点亮了绚丽的场景。随着夜晚变冷、白昼变短，落叶树停止生长并开始落叶，以应对更寒冷的天气；但是在一年一度的色彩派对开始之前，糖槭才是主角。

糖槭原产于北美东部沿海的大部分地区，其分布范围从加拿大南部直到美国南部的佐治亚州。糖槭是众多"物种复合群"中的一种，这类复合群包含6种左右具有亲缘关系但大多定义不清的物种。槭树分布在北半球几乎所有的温带地区，并在东亚地区最为多样化。只有一种槭树——十蕊槭（*A. laurinum*）越过赤道抵达了南半球，生长在印度尼西亚的热带森林中。

糖槭是一种大型乔木，宽型掌状叶上具有5个裂片。对许多人来说，它已经成为槭属的代表，尽管槭树的叶形和大小的多样性要比许多人想象中更多。北美西部地区的大叶槭（*A. macrophyllum*）具有该属最大的叶片，其宽度通常有1英尺，有时甚至能达到2英尺，属于典型的宽裂掌状叶，它的名称也恰如其分。而中国的罗浮槭（*A. fabri*）叶子很小，只有几厘米长，看不到裂片。有的槭属植物甚至具有复叶。北美洲的另一个物种梣叶槭（*A. negundo*）就长着羽状复叶。事实上，槭树物种最容易识别的统一特征不是它们的叶子，而是具有成对翅膀的果实，这种翅果在英文中通常被称为"直升机"，因为它们在秋天被风从树上吹落到地面时会在空中分裂并高速旋转。

有几种槭树以其秋天的颜色而负有盛名，其中糖槭最为著名。通常情况下，这些树叶会变成火红的橙色，但从黄色到红色的各种色调也很常见。每年秋天，当这些魅力四射的树木准备过冬时，成千上万的赏枫游客便蜂拥到加拿大和美国的最佳观赏点见证这一奇观。

在温带地区，落叶树秋天的颜色变化极大。有些树几乎没有颜色变化，有些树出众的色彩则是例外而非常规。糖槭以及其他北美东部的落叶树在秋天到来时都会发生稳定的颜色变化。

秋天的颜色在很大程度上是生理过程的副作用，而这些过程在秋天到来之前就已早早发生。在整个春天和夏天，树叶和幼嫩的茎干是整棵树的食物工厂。叶和茎中富含叶绿素，它们负责通过光合作用将太阳能转化为植物生长发育所需的化学能。此时叶和茎中还存在其他色素，但它们通常被丰富的叶绿素完全掩盖了。叶片中色素的存在是包括光合作用在内的多种代谢过程的结果，在持续产生色素的同时，色素也不断减少，直到被消耗殆尽。到了秋天，日照时间缩短会导致叶脉膨大，从而减缓水分流动。光合作用开始衰退，叶绿素产量也相应下降。随着剩余的叶绿素逐渐被分解，黄色和橙色慢慢显露出来，使植物呈现出秋季的火红色调。提供这些颜色的色素是叶黄素和胡萝卜素，它们比叶绿素分解得慢。这两种色素属于一类被称为类胡萝卜素的色素，也就是使胡萝卜呈现橙色的色素。

与此同时，在丢失了大约半数含量的叶绿素时，另一组色素——花青素——开始产生，这些色素提供了许多物种所呈现的红色和紫色色调。例如，作为糖槭的近亲物种，黑槭（*A. nigrum*）可以通过叶片中叶黄素的存在以及花青素的相对缺乏来辨认。黑槭的叶片只会变成黄色或淡橙色，而其他多种槭树，以及蓝果树和北美枫香，都会呈现出与花青素生成相关的深色调。

花青素的产生依赖于叶片中贮存的糖分的分解，更重要的是，也依赖于长时间的阳光照射。这一过程需要其他的因素，但一般来说，阳光明媚的白天和凉爽但不寒冷的夜晚是形成深色色素所必需的。这种条件在北美东部和东亚部分地区（如日本和韩国）更加常见，这在一定程度上解释了，为什么这些地区的植物季节性色彩变化往往比西欧和北美西部部分地区更精彩。

至于花青素为什么会在秋天产生，科学界的共识认为，它们在某种程度上可以保护光合作用器官在分解时免受强光的伤害。在理想情况下，叶片中所有剩余的营养物质、氨基酸及蛋白质都会在冬天转移到茎和根中，以便在下个春天循环使用。

当然，色彩派对会在树叶脱落时结束，但这也是一件复杂的事情。在叶片着生的基部，附在小枝上的叶柄是一处脱落区（离区）。随着秋天的到来，脱落区两侧的细胞发生分裂，产生富含木质素和木栓素的新细胞（对应木质和软木），这些化合物都会削弱叶片与树木其他部位之间的联系，并在叶片脱落（分离）后帮助形成脱落区的防水层。最终，树叶会被风吹掉、经受霜冻或自然掉落。

和所有槭树一样，糖槭在其本土之外也被广泛种植，但是出于上述原因，人们无法期待糖槭在秋天的颜色能像它在家乡时一样绚烂。有时，其他地区的气候条件结合在一起也会形成灿烂的景象，但这些情况大多是短暂的。为了获得更稳定的秋季色彩，园丁们幸运地在数百种日本槭树［鸡爪槭（*A. palmatum*）及其近缘植物］的园艺品种中收获了他们想要的效果。亚洲槭树的花青素产量似乎不那么变化无常，许多栽培品种无论天气如何都会产生鲜艳的深红色。就像人们蜂拥到北美东部的森林一样，日本人也有同样的行为，这种观赏当地枫树的传统被称为红叶狩（momijigari）。

糖槭在其原产地的意义重大，因此它在美国至少五个州被指定为州树，同时它的叶片也装饰着加拿大国旗，象征着这个国家与英语区和法语区所有物种之间的亲密关系。糖槭不仅具有壮观的季节性色彩，也是枫糖浆的主要来源。在早春时节，树木在嫩芽膨大之前就被钻洞，提炼每升糖浆需要采集大约36升树液。几乎所有槭树都可以用于采集树液，但含糖量最高的是糖槭及其近亲黑槭。

北美地区东部林地的土著居民知道如何利用这些树木获取甜汁液，欧洲移民也采用了这种做法。糖槭叶对加拿大具有重要的经济意义，不论是在印刷货币还是铸造货币上都极具特征，而且还出现在具有收藏价值的多种版本的金条和金币上。然而，植物纯粹主义者曾有对加拿大铸币厂不满的历史。例如，加拿大铜币（从1937年开始流通，直到2013年停止使用）的正面展示的是在树枝上互生的一对糖槭叶，而槭叶应为对生。20元、50元和100

元的钞票也存在问题。作为防伪标志之一，现代塑胶钞票上出现的枫叶图案是一款小小的银边透明水印，这款图案因为与欧洲的挪威槭（*A. platanoides*）更为相似而饱受批评。这两个物种经常被混淆，但很容易通过叶柄中的汁液来区分——糖槭的叶柄汁液清澈，而挪威槭的汁液呈乳白色。

挪威槭不仅闯入了加拿大货币中，还渗透到北美东部的许多森林里，并且已经变得具有入侵性，甚至有可能取代糖槭在一部分自然栖息地中的地位。除此之外，野生糖槭所面对的威胁很少，科学家认为这是一种适应性极强的物种，将来有可能足以应对气候变暖。当春季提早到来时，枫糖浆的产量可能会下降，但只要阳光普照，秋天的颜色就一点也不会减少。

黑胡桃

Juglans nigra

　　胡桃科（Juglandaceae）植物包含少量灌木，但是主要由以木材和可食用坚果闻名的乔木组成。除了胡桃属（*Juglans*）本身，胡桃科还包括山核桃属（*Carya*）和枫杨属（*Pterocarya*）植物，以及一些分布在美洲和东亚的温带及热带地区的规模较小的属。胡桃与山核桃类似，都是物种不多的树属之一，在北美和中国都有分布，但在美国其物种更为丰富。

　　和胡桃科的所有成员一样，胡桃属植物具有羽状复叶，复叶上大量小叶的形状则因物种而异。胡桃叶的整体尺寸通常非常大。与豆科（Fabaceae）植物以及其他具有羽状叶的树木一样，胡桃的枝顶每年都持续生长来容纳小叶，这似乎比长出更多的枝条来支撑单一的、不分裂的叶子更为经济。

所有胡桃叶都有宽大的叶柄基部，当秋天落叶时就会在茎上留下猴脸状的痕迹，这是由叶和茎之间的维管连接痕迹形成的。胡桃的茎具有分隔的髓部，如果用锋利的刀片纵向切割树枝，就能很容易观察到这种现象。这种规则的分隔让人想起肚皮朝上的木虱，只是没有那些摆动的腿。胡桃及其亲缘植物枫杨都具有这种髓部特征，当然显而易见的是，二者最明显的区别就在于翅果。不同的胡桃物种具有不同的木髓颜色，再结合叶片和果实特征，很容易就能区分这些物种。

黑胡桃产于北美东部的森林，是最常见的胡桃之一，它和胡桃科的其他成员一样，叶片在轻轻摩擦时，会从覆盖在叶子表面的芳香腺中散发出奇妙的香味。黑胡桃的叶子长度通常超过半米，有轻微弯曲、呈锯齿状的小叶，下垂在叶茎两侧，并且通常缺少顶生小叶。它的果香也是其果皮的一大特征，而果实里的种子则是商业核桃的来源之一，但人们更喜欢称其为胡桃或英国胡桃。这个物种虽然自罗马时代起就在英国种植，不过实际上并非起源于欧洲。人们认为它原产于西亚和中亚，尽管它的真实分布范围很难追踪，但考虑到它被有意或无意传播的程度，这就足以体现胡桃果实的价值。不仅仅是人类，胡桃也是松鼠的最爱，这些啮齿类动物已被证明是高效的胡桃传播者，被它们遗忘的坚果贮藏库会长出树苗，出现在那些意想不到的地方。

在许多地区，黑胡桃树叶相对来说虫害很少，能在整个夏天都保持良好的状态，直到秋天才变成美丽的黄色。通常在其他树木开始展现一年一度的秋季色彩之前，黑胡桃树叶早早就掉落了。胡桃是许多蚜虫和介壳虫的寄主，这些昆虫优先吸食树液，然后将废物排泄到树叶上或地下。这种黏稠、富含糖分的液体被称为蜜露。那些把车停在胡桃树下的人往往最容易注意到这种现象，当他们返回停车场时，会发现车顶盖上了黏黏的涂层。然而，胡桃远非唯一能从树叶中"产生"蜜露的树木。在温带地区，一些槭树、桦树（*Betula*）和椴树（*Tilia*）也坐拥大量的蜜露生产者。当你想要在树木茂盛的市政停车场停车时，树木识别技能就将派上用场！

所有胡桃，尤其是黑胡桃，也因其化感作用而闻名。化感作用指植物产生并释放化学物质（即化感物质）从而抑制其他邻近植物生长的现象。化感物质的释放可能有几种方式，例如随着植物的某些部分分解而释放，或通过淋洗、挥发及根系分泌等。化感作用通常是多种化合物之间复杂相互作用的结果，由此产生的混合物会减缓，甚至阻止那些争夺相同资源的生物的生长。

长期以来，胡桃的化感作用被认为是化学物质胡桃醌的作用结果，胡桃醌存在于胡桃树叶、叶芽和树的所有生长部位。胡桃醌会抑制植物的呼吸作用，包括番茄、辣椒、土豆在内的蔬菜都对其高度敏感（它们都是茄科植物）。黑胡桃及其分布于北美东部的亲缘植物壮核桃（*J. cinerea*）都是众所周知的胡桃醌高产者，以除草剂一般的浓度释放胡桃醌。尽管胡桃醌会杀死一些植物，但也有少量物种对胡桃醌具有耐性，可以在临近胡桃的地方生长且不会受到不良影响。

胡桃醌在胡桃果实中的含量最高，而果实只会掉落在树附近，因此会严重毒害树下的区域。然而，这种化学物质无法在土壤中持续存在，所以在以前曾经种植胡桃树的位置再种别的植物也没什么问题。包括胡桃科其他成员在内的多种植物也会生产胡桃醌，但其浓度和总量通常不具有生长抑制作用。在某些情况下，黑胡桃的化感特性已经以有益于树木种植者的方式被加以利用，种植其他种类胡桃的商业果园选择将其枝条嫁接到黑胡桃砧木上，以方便消除竞争。

黑胡桃除了对其他植物有毒性作用外，对动物来说也有问题。躺在胡桃木屑或锯末上的马——哪怕只是待在胡桃树附近的马厩里——都有可能会罹患急性蹄叶炎（一种严重的足部炎症，可能造成永久性损伤）。然而，实际上造成这种情况的并不是胡桃醌，但具体是哪种化合物尚不明确。牲畜如果食用分解后的胡桃壳也可能出现中毒症状，这对狗来说可能是致命的。同样，这里发挥作用的关键化学物质也不是胡桃醌，而是一种由青霉菌产生的毒素，这种真菌是胡桃壳分解过程中的天然组分，可以渗透到果实当中，因此，良好的胡桃果实应尽可能避免出现任何腐烂迹象。

黑胡桃木被认为是最高等级的木材之一，广泛用于家具、乐器和室内设计部件。黑胡桃木非常抢手，几乎所有最好的野生黑胡桃树早就被采伐了，甚至出现整棵树的地上部分都被偷走的情况。遗憾的是，胡桃醌以及黑胡桃中其他毒素的作用还不足以阻止这些盗树贼。

欧洲水青冈

Fagus sylvatica

欧洲水青冈是欧洲温带森林中最常见的树木之一。它原产于西欧和中欧的大部分地区，向东分布至土耳其，最终被东方水青冈（*F. orientalis*）取代。水青冈通常生长在几乎纯林中，在欧洲大陆，也可与欧洲冷杉（*Abies alba*）或其亲缘植物混合生长。它是欧洲所有树木中最出类拔萃的一种，具有清晰、单轴的主茎和光滑的灰色树皮。虽然它的品质并未达到最好木材的标准，但几个世纪以来，其木材被广泛应用于家具制作，而其坚果则在丰收年代大量生产，很快就被动物们掠食。在传统的欧洲农场，水青冈的坚果会被用于喂猪。

水青冈属植物的种类不足12种，是壳斗科（Fagaceae）中物种数量较少的属之一。壳斗科主要由栎属（*Quercus*）和柯属（*Lithocarpus*）组成，这两属的物种多达750余种。虽然壳斗科中有一些灌木，但所有的水青冈属植物都是乔木，它们在林地之外长出了宽大、优雅的树冠，通常以蔓延的板根进行支撑。尽管有额外的帮助，但成熟的树木还是很容易被风吹倒，往往都是树冠掩盖着隐蔽的腐烂根系。水青冈树可以存活250年以上，但其寿命无法超越壳斗科的某些亲缘物种，比如夏栎（*Quercus robur*），后者以其强壮的生命力闻名于世。

欧洲水青冈的叶子与众不同：表面有光泽，呈深绿色，背面则呈浅绿色，轮廓为椭圆形，突出的中脉两侧有规则间隔的叶脉；边缘呈波浪状，且有细毛。作为著名的适荫树木——其种加词*sylvatica*意思为"森林的"——水青冈的树荫非常浓密，除了幼苗外，几乎没有植物在树下生长。然而，在初春时节，随着白天开始变长，植物在阳光下能够感觉到更多的热量，在石柱般的水青冈树干间也会出现野生的丛林银莲花（*Anemonoides nemorosa*）和英国蓝铃花（*Hyacinthoides non-scripta*）。

这些周期性变化决定了温带森林的树木何时开始生长。为了保护新叶不受霜冻，新叶只有在接收到表明春天即将到来的环境信号后才萌发。对于一些树木来说，开花或长叶只会在日照达到一定时长后才开始，而其他物种则主要响应持续的温度变化。欧洲水青冈已经进化出严格的机制来调节冬季休眠，并确保树叶不会在仍然很有可能被霜冻破坏的情况下萌发和长大。从进化的角度而言，一棵树最不想面对的情形就是耗费能量来形成越冬芽，结果却让极冷的一段时光破坏掉新叶以及随之而来的所有潜在的生长。气候的变化，以及越来越不稳定和不可预测的"季节性"事件，可能会对树木的内在生长机制造成严重的破坏。

一株成熟的水青冈拥有满是叶片的茂密树冠，在日光下每小时可以吸收或"固定"约2千克二氧化碳，与此同时，所释放出的氧气可供大约10个人使用一年。如果需要提醒人们注意树木的价值，我们就可以指向最近的水青冈。

对于一棵大树来说，能够在阴凉的环境中生长是一个巨大优势。为了做到这一点，阔叶树经常同时长出"阳生叶"和"阴生叶"。在欧洲水青冈中，阴生叶要比阳生叶大30%左右。这让树木在光照水平较低的地方能够为光合作用提供更多吸收光能的区域。较小的阳生叶表面积更小，从而限制了蒸腾作用造成的水分损失。这些叶片也更厚，含有更多的叶绿体，以提高光合作用的速率。从树顶到基部，所有叶片的厚度逐渐减小。

欧洲水青冈在秋天的风景中尤为突出，它们的叶子会变成金色和黄褐色，从几英里之外就能辨认出山坡上的树木。在整个生长季节，欧洲水青冈落叶在维护森林地被方面起着关键作用。蚯蚓一般不喜欢这些落叶，所以它们会慢慢腐烂，并在腐烂过程中形成一层深层有机物，以防止土壤干燥，同时也支持着多种生物及其相互作用。当落叶分解时，营养物质（其中最重要的是氮）会回到土壤中，然后被回收利用并被树根吸收。水青冈在这方面是非常卓越的"土壤改良者"。

欧洲水青冈在城市公园和花园中也是非常受欢迎的选择。目前，人类已经培育出多个园艺品种，其叶片形状、大小和颜色的性状差异很大。这些变异大多是"芽变"，即在单个分支上产生的一次性突变。在某些情况下，幼苗可能会在其所有组织中都携带某种诱人的突变。几个世纪以来，人们一直从树木中挑选变种并通过嫁接进行繁殖。有几种"切叶"水青冈具有深裂叶，还有一些水青冈的叶片呈白色或粉色杂色。最常见的是铜叶和紫叶水青冈。在这些植物中，叶片中的绿色色素——叶绿素——被花青素所掩盖，而花青素的含量则各不相同，使叶片的颜色呈现出青铜色、深红色，乃至紫黑色。在大多数情况下，颜色最深的叶片是那些在阳光下暴露最多的叶片，树冠内部受到遮蔽的叶片则颜色更浅。

非繁殖枝上的水青冈叶片通常会在树枝上枯萎，直到春天新芽生长时才脱落。壳斗科的许多植物都存在这一特点，这种现象被称为"凋存"（marcescence）。凋存现象主要是非繁殖枝的特征，被认为是通过减少茎周围的气流从而为越冬芽提供一定程度的保护。这种现象也常见于作为树篱修剪的水青冈，这可能是水青冈最常见的用途。世界上最长、最高的树篱是位于苏格兰珀斯郡一条路边的水青冈树篱，其长度超过500米，高度约30米。

虽然蚯蚓不喜欢水青冈的落叶，但鲜嫩的水青冈叶片却很受觅食者的欢迎，它可以作为沙拉的新鲜成分，也可以油炸制成水青冈叶脆片。水青冈叶还可用于制作一种带甜味的杜松子酒"水青冈叶果仁酒"，据说其起源可以追溯到18世纪和19世纪英格兰南部奇尔特恩丘陵的椅子制造贸易。水青冈作为颇有价值且用途广泛的树种，这是它的另一个副产品。

印楝

Azadirachta indica

印楝可能是最有用途的热带树木。在科学出版物中，它通常被称为多用途树种。这也难怪——从生物杀虫剂到牙膏，从动物饲料到药品和蜂蜜蜜源，印楝提供了一大批实用产品。

印楝属于楝科（Meliaceae）。楝科这组热带植物集群包括以珍贵木材而闻名的树木，而印楝木材因其既坚硬，且又能抵抗白蚁、蛀虫和真菌而受到广泛的使用。印楝木作为薪材广受好评，可用于生产优质的木炭。与商用红木不同，印楝木木纹粗糙、不易加工，因此人们认为它更像工业木材，不适合做家具。但是在印度，印楝木通常被用于寺庙的神像雕刻。

随着观赏树木的发展，印楝树因其生长迅速、分枝力强、树冠外形优美圆润，以及成熟树木上粗糙且开裂剥落的红棕色树皮而受到重视。印棟的属名*Azadirachta*来源于波斯语*azad darakht*，意思是"高贵的树"。和大多数棟科亲缘植物一样，印棟大而下垂的圆锥花序上具有芳香且富含花蜜的小花。蜜蜂被这些花深深地吸引，并由此酿制出绝美的蜂蜜。花很快就会结出黄色、膨大的小果，果实累累的树看起来像点缀着爆米花。印棟的叶子是深绿色的羽状复叶，细长的叶轴上有许多锯齿状、带尖角的弯曲小叶。想象一下，每对小叶就像一只飞翔的小鸟，而整片叶子就像一排电线上的小鸟即将同时升空。虽然印棟在持续降雨的地区是常绿植物，但在缺乏水分的干旱地区，印棟可以落叶并休眠。对于需要应对常规干旱期和更严重的干旱条件的植物而言，由常绿转为落叶是对环境变化做出的一种响应；而对于许多常绿的热带植物来说，树冠上的叶片全部脱落就像一条不归路，意味其将迅速走向死亡。

印棟的深层根系使其具有相当强大的抗旱能力，而常绿的树叶和宽大的树冠也令其颇有优势，既能遮阴也可用于荒地造林（将非林地转化为森林）。事实上，印棟在撒哈拉沙漠以南的非洲地区是一种被广泛用于对抗荒漠化的物种。印棟有能力在各类土壤中生长，甚至可以在盐碱地中存活，而且由于印棟的根系较深，所以它不会与作物竞争表层水分。对农民来说，印楝的另一个优点是其叶片可用作牲畜的饲料，尤其对山羊和骆驼而言（这里必须说明的是，这两种动物几乎可以吃任何食物），同时还可以用作地被覆盖物和绿肥。此外，印楝还具有惊人的抗虫能力，这可能也是它最重要的品质之一。

几千年来，印楝原产地南亚地区的农民都知道，印楝具有多种显著的特性，包括抵抗有害昆虫和其他植食性节肢动物的能力。印楝油（也称为苦楝油）是通过碾碎印楝种子而制成，可被广泛用作生物杀虫剂。目前已知的是，印楝油能抑制一系列致病真菌和细菌，预计可控制约200种节肢动物害虫。

印楝油中的活性成分是印楝素，这是一种现已得到充分研究的拒食剂和生长干扰剂。了解自然界的学生大多知道，昆虫和其他节肢动物害虫具有坚硬的外骨骼，可包裹它们柔软的身体，而它们需要随着生长定期蜕皮；也就是说，脱掉它们的外骨骼并制造一个更大的新外骨骼，从而容纳更大的身体。内部激素决定了节肢动物发生这些身体变化的时间，而印楝素可以有效地破坏这些激素，使正常的蜕皮过程无法发生。这通常会导致害虫无法达到性成熟、不能产卵，并过早死亡。幸运的是，印楝素对哺乳动物的毒性较低，因此可以在储粮中和人类周围使用，而在这些地方使用杀虫剂通常非常危险。

印棟树的其他部位含有与印棟素相关的化合物，也可用于对抗微生物和节肢动物害虫。例如，干燥的印棟叶子通常被混合到储存的种子中，以防止害虫取食，而印棟的防腐树脂可被添加到牙膏、肥皂和乳液中。在整个印度次大陆，当地人会用印棟"咀嚼棒"来清洁牙齿和清新口气，这可能是通过其抗菌作用产生效果。

印棟在民间医学中应用广泛。它的树皮和叶子通常被用于治疗皮肤疾病，包括缓解麻风病症状，而花朵用于滋补，果实用于通便和软化皮肤，根皮用于治疗发烧和恶心。虽然支持这类应用的合法临床试验进展缓慢，但有证据表明，许多传统应用和一些新型应用（例如杀精剂）已经产生了积极且可重复的结果。所以，印棟能够作为一种广受欢迎的树木在热带地区长期种植也就不足为奇了。

然而，在越来越多的栖息地中，印棟逃离了人们的栽培范围并侵入了本非原生的自然荒地。因此，印棟目前在几座加勒比海岛屿、西非和澳大利亚北部被视为入侵物种。尽管印棟具有入侵的潜力，但其种植园仍然很常见。最大的一处种植园可能是20世纪80年代在沙特阿拉伯的阿拉法特平原上开始营建的，拥有大约5万棵树。这处种植园是为穆斯林朝圣者提供阴凉（该地点靠近麦加）并纪念先知穆罕默德的最后布道（Khutbatul Wada）而建，据说，该布道于公元632年从附近的阿拉法特山传送到信徒手中。

形状的转变

使一些人喜极而泣的树，在另一些人的眼里，只是挡在路上的绿色之物。有些人认为自然中满是嘲笑和畸形……有些人根本看不到自然。但在想象力丰富的人眼中，自然就是想象力本身。

——威廉·布莱克

种子能长出高大的树木（这里套用14世纪英国的著名谚语："小橡子长出高大的橡树"*），但植物通常要经过特定的阶段才能实现这种目标，而这往往体现在叶子上。叶异型（heterophylly）是这一现象的总称（hetero指"不同的"，phylly指"叶"），这种现象最常描述的是植株从幼株生长到成株期间发生的外观上的变化，

---

* 此处为直译，意译应为万丈高楼平地起，或合抱之木生于毫末。——译注

通常表现为叶片的形状、大小或排列方式的变化。叶异型的一种常见形式是叶片防卫性状的获得或缺失，冬青栎和欧洲枸骨就是这样的例子。并非所有植物都会改变叶子的形状，更不用说长出刺了，许多植物所发生的变化都微乎其微，但有些变化却非常明显。正如你将看到的，新西兰的矛木的叶片变化足以让不会飞的恐鸟感到困惑。蓝桉的异形叶现象没那么极端，但是其叶形和叶序都有很大变化。和蓝桉一样，白檫木最有名的是它的香味（闻起来有根汁汽水的味道），但根据气候的不同，它的叶子也会从一片变成两片或三片。植物从来不是一成不变的。

蓝桉

Eucalyptus globulus

桉树是标志性的树木。桉树包含900多个物种，由桉属（*Eucalyptus*）和规模较小的杯果木属（*Angophora*）、伞房桉属（*Corymbia*）组成。虽然新几内亚、印度尼西亚和菲律宾有少数几种桉树分布，但桉树主要分布于澳大利亚。正是如此，桉树森林占澳大利亚所有森林的四分之三以上，其覆盖面积超过1亿公顷。

虽然有些桉树是灌木，但大部分桉树肯定是乔木。事实上，世界上最高的开花植物就是一种桉树——王桉（*E. regnans*），有时也被称为山灰［不要与花楸属（*Sorbus*）植物或梣属（*Fraxinus*）

植物混淆*]。它原产于澳大利亚塔斯马尼亚州和维多利亚州，已知能长到近100米，而传说中至少有一株王桉高达130米。这有望使其成为世界最高的树，但目前世界上最高树木的纪录保持者属于针叶树北美红杉（*Sequoia sempervirens*），这棵树被称为"亥伯龙神"，2017年，其测量高度接近116米。

桉树生长活跃，具有优良的木材特性。所以，无论是在澳大利亚本土还是其他地区，它们都无疑被视为木材。由于适应性强，桉树在各地区的成功繁殖导致了人们对它们的过度依赖，因此成为世界上种植范围最广的硬木树种。桉树吸水能力旺盛且耐旱，往往会在相当深的地下取水，从而使地下水位降低到当地树木无法达到的深度。如今，人们需要采取一致行动来恢复几处大洲上的栖息地，并在脆弱的生态群落内重塑平衡。

大多数桉树的叶子是常绿的，呈银蓝色或绿色，且芳香四溢，带有樟脑般的香味。成熟的桉树叶片互生，呈长矛状，通常略微弯曲。蓝桉是澳大利亚东南部特有的树种，它的叶子是所有桉树中最长的，达30厘米。桉树的叶片一般是垂直或接近垂直悬挂，从而可以在持续进行光合作用的同时保持凉爽。这也意味着桉树几乎无法遮阴，因此一些桉树森林被称为无荫林。

---

* 花楸属植物英文俗名为mountain ash，梣属植物英文为ash。——译注

然而，幼树的叶子往往非常不同。桉树是最明显表现出叶片二态性或叶异型现象的树种之一。幼态叶通常对生，呈圆形，紧贴着茎，而不是从纤细的叶柄上垂下。

20世纪80年代，幼态的桉树叶在欧洲和北美广受欢迎，成为花商们的最爱。最近，桉树叶则受到室内植物爱好者的青睐，对他们来说，修剪过的干燥茎干是一种审美选择。它们的受欢迎程度足以与大琴叶榕（*Ficus lyrata*）相匹敌，而桉树新鲜的樟脑香味也吸引了一部分受众。桉树幼叶和茎干呈银灰色至蓝绿色，这种诱人的颜色是表面被蜡质造成的。

除了具有观赏性（活体植物也可以经过修剪达到同样的效果），不同桉树物种所产生的不同程度的苍白色也与抗霜冻特性有关，因为树木生长的海拔越高，蜡质越厚，叶片上的蜡霜也越为明显。尽管这种叶蜡的存在是出于进化过程中偶然间的运气还是自然界的精心设计尚未得到证实，但它们已被证明可对桉毛龟甲（*Paropsis charybdis*）形成物理屏障。桉毛龟甲是以几种桉树叶片为食的食叶昆虫。蜡质对甲虫来说很滑，可以防止它们抓住树叶，从而避免叶片被其食用。幼态叶不仅存在于幼树上，也会对包括落叶在内的损害做出反应，因此新长出的幼叶上的蜡质可以保护树木，同时储备下来的能量也能被用来帮助树木进行恢复。

虽然桉树在澳大利亚的森林中占据主导地位，但很少有动物喜欢以桉树叶作为食物。这是因为桉树叶具有高效的化学防御能力，其中含有植物精油；这种毒性分子对大多数哺乳动物而言都是有毒害的（并赋予叶片独特的气味）。桉树叶含有大量纤维，蛋白质却很少，缺乏营养。但是一些有袋动物对桉树叶有一定的耐受性，考拉更是主要以桉树叶作为食物来源。

考拉曾与桉树共同进化，并且能够有效地将桉树中的毒素从其身体系统中排出。因此，它们可以大量咀嚼叶片而不会生病。考拉需要食用相当多的桉树叶来维持生命，每天摄入500～800克，这是人类和其他哺乳动物致死摄入量的3倍以上。而考拉在食物方面几乎没有什么竞争，这也就不足为奇了。（由于考拉每天的睡眠时间在20～22个小时之间，它们也设法将自己的进食时间压缩到几个小时。）

有了这种独特的能力，考拉就成了绝对专业的食草动物；而且它们也不吃桉树以外的食物。它们非常挑剔，能够嗅出富含单萜的最好的叶片，而单萜正是桉树植物精油的关键成分。桉树叶的营养成分相对较低，但考拉的新陈代谢缓慢，这意味着它们能够从这些树叶中提取足够的能量以及所需的全部水分。蓝桉是考拉喜欢的物种之一，但在澳大利亚各地，考拉的饮食习惯各不相同，那是因为它们能够利用当地最好的叶片。

众所周知，在考拉种群数量较高的部分地区，考拉会毁坏整座桉树森林。由于食物供应不足，考拉不可避免地会面临挨饿的风险，而在那些依赖孤立的桉树森林的地区，考拉甚至无法安全地转移到其他地区，这已经成为一个特别令人担忧的问题。因此，考拉引起了动物保护组织的注意，该物种现已被列入世界自然保护联盟（IUCN）濒危物种红色名录。

毫不奇怪，桉树叶分泌的植物精油正是桉树油的来源。目前已知有300多种桉树含有精油，但其中只有不到10%的桉树被商业化开采，而全球绝大部分的桉树油由约6种桉树提供。蓝桉油是最常见的桉树油来源，可产于中国、印度、西班牙、南非和南美洲部分地区。产油腺体通常是可见于叶表的小点，它们各不相同的形状、大小和位置有时有助于物种识别，非常值得仔细研究。

桉树油是通过蒸汽蒸馏过程提取而来的，在此过程中，干蒸汽透过植物材料并释放其中的挥发性化合物，然后再冷凝并被收集起来。桉树精油有多种用途，最重要的是用于医疗，而富含桉树脑（一种具有抗炎作用的芳香化合物）的精油最受欢迎。

虽然桉树油最早于19世纪中叶在澳大利亚实现商业化，但澳洲原住民在几千年前就知道它的药用价值。他们确定了桉树叶的几种用途，其中包括用于恢复性治疗床，也就是将叶片铺在滚烫的煤上来释放疗伤蒸汽，以治疗躺在床上休息的疼痛身体。桉树油的其他用途包括肥皂、香水、驱虫剂和杀虫剂，同时也因其抗菌的特性而被用于家庭清洁产品和漱口水中。

　　尽管这是一本关于树叶的书,但是提到桉树就不得不聊一聊树皮。一些桉树树种的树皮颜色鲜艳,其中包括最著名的剥桉(*E. deglupta*),它正是因其丰富多彩的颜色而又得名"彩虹桉"。它是北半球的唯一一种桉树,也是为数不多的几种并非原产于澳大利亚的桉树之一。在许多桉树物种中,树皮在最终掉落之前会在树枝上形成巨大的薄片。这并非无缘无故。周期性火灾是桉树森林生态的自然组成部分,因为桉树叶中存在的精油使其高度易燃,而树皮形成了易燃的枯落物层,两者都燃烧得很快。由此产生的热量打开了树枝上的果皮,种子从而掉落到干净、营养丰富的土壤中,开始繁衍下一代。成年桉树具有复原能力,在大火之后,带有新叶的树枝会从树皮下方的休眠芽中重新生长出来,使它们能够恢复生机并继续在森林中发挥作用。

矛木

Pseudopanax crassifolius

虽然五加科（Araliaceae）植物的特点是叶子大得惊人，例如具有许多小叶的辐叶鹅掌柴（见第301页），但它也包括一些在叶片特征上明显不同的物种，这些物种同样在构造上高度相关、妙趣横生。

从进化的角度来看，在所有环境中最引人注目、最迷人的当属矛木和齿叶矛木（*P. ferox*）。矛木属（*Pseudopanax*）曾包括来自智利、新喀里多尼亚、新西兰和塔斯马尼亚的物种；然而，经过重新分类，矛木属现在由7个物种组成，且都是新西兰和邻近岛屿特有的植物。

矛木（lancewood）英文俗名的来源被认为与其木材分裂成矛状碎片的方式，或者可能与毛利人使用幼茎作为矛刺穿新西兰鸠

（*Hemiphaga novaeseelandiae*）有关。对毛利人来说，所有的矛木属物种都被称为horoeka。

与桉树一样，矛木属植物具有明显的异形叶，会在不同的生命阶段形成不同的叶形。这可能在具有四种独立叶形的矛木中最为显著。在幼苗时期，它的叶子很小，略呈长条形，底部为锥形，有坚韧、粗壮的叶齿甚至是小裂片；最特别的是，在植物长出一根直的主茎之后，叶片就仅存在于茎最上面的部分，这部分长达1米并且向下倾斜。在这时，叶片是革质的硬叶，几乎呈剑形，边缘有均匀分布、硬化锋利的叶齿。后来，当树开始长出树枝时，叶片呈现出增长的趋势。一些叶片分成三个甚至五个小叶，另一些叶片则保留了前一阶段的特征，但其长度并不突出。在某些情况下，这一阶段——第三阶段——会被完全跳过。在最后的成熟阶段，叶子再次变得不分裂。此时的叶片很窄，长约20厘米，基部逐渐变细并形成粗壮的叶柄，而边缘除顶端外基本上没有叶齿。矛木只有在这时才开始开花，雄花和雌花分别出现在不同的树上。从幼苗发育到长成能繁殖的大树，矛木的整个生长过程通常需要15～20年。树木最终可以达到15米的中等高度，并形成光滑的树皮，而树皮在年轻时则具有更明显的棱纹。

矛木最为著名的是其奇特的幼叶；在园艺行业，这种树以其独特的"怪异"外观而走向市场。矛木的幼叶与成年植物的叶片如此迥异，以至于曾经被认为是两个不同的物种。直到欧洲探险家首次采集到来自幼年和成年植株的不同标本，植物学家才在多年后意识到二者来自同一种树。虽然有两种或两种以上不同叶片形状的树木在新西兰植物群中很常见，甚至可以说是该地区植物群的特征，但没有其他物种表现出像矛木这样的多样性。

为什么矛木和其他新西兰本土植物会呈现出反差如此之大的叶片形状，一直以来都是一个备受关注的问题，但回答这个问题并不容易，因为能够为最有可能的理论提供证明的物种早已灭绝。

波利尼西亚人大约在700年前到达新西兰，比欧洲人首次登陆新西兰要早300年左右。在欧洲人到来之前，新西兰没有食草哺乳动物；最初，这个生态位是由恐鸟（一种不会飞的大型鸟）所占据的。恐鸟由9个物种组成，其中最大的一种约3米高、近0.25吨重；然而在人类开始入驻新西兰的100年内，所有恐鸟都被猎杀至灭绝。虽然人们认为恐鸟从来都不是特别常见，但在新西兰的所有景观中，从地面到3米左右的高度，恐鸟被视为主要的树叶食用动物，而矛木则已经进化出阻止恐鸟食用的机制。

其中最明显的就是，矛木一旦达到3米左右的高度——也就是说，一旦超出了恐鸟的食用范围——就会发生从幼年树叶向成年树叶的过渡。然而，在矛木长到这种高度之前，它需要采用多样乃至复杂的机制，度过幼苗期、幼年期和中间阶段来保护自己。

第一种机制发生在幼苗期，此时矛木的幼叶表面具有不规则的斑点。这种斑点往往会破坏树叶的轮廓，有理论认为，这会使恐鸟难以在落叶层的背景中辨别树叶。此外，这一阶段的树叶呈深绿色到紫棕色，类似于死亡或即将凋落的叶片，而不像新鲜叶片，因此对食草动物的吸引力较小。

叶片边缘呈倒刺状的叶齿周围也有明显的亮斑，这可能是为了警告恐鸟，告诉它们这些叶片会很难吃。提醒潜在的捕食者自己不值得被食用——这种警戒色现象在动物（比如色彩鲜艳的毒箭蛙）和植物中都很常见。矛木所展示出的具有斑点和亮色的叶齿都是这种现象的例证。

矛木叶齿周围的亮斑是叶片这一部位中花青素含量增加的结果，由于叶片锋利且坚硬，吃掉叶片的感觉就像吞下一把锯齿刃刀。这里或许需要补充说明的是，尽管幼年的矛木叶片具有多刺性，但它们同时也缺乏营养，这可能为潜在的捕食者提供了额外的威慑——这一点似乎也很有必要。

当然，一旦矛木长到恐鸟无法达到的安全高度，就不再需要花费额外的能量来生产这种专门的防卫器官，树木便能够将能量重新用于实现繁殖的目标。

不用说，这些理论在某种程度上是合理但无法证明的，因为恐鸟已经不可能再提供证明或反驳这些理论的机会。然而，关于新西兰查塔姆群岛的一种相似物种 *P. chathamicus*（毛利人称之为Hoho）的研究有望支持这些理论。恐鸟从未到达查塔姆群岛，而查塔姆群岛的矛木属植物既缺少可以变化的叶片颜色，也没有与其分布更广的亲缘植物所类似的可怕叶齿。一切都是巧合吗？不太可能，但这说不定是我们最接近真相的时刻。

欧洲枸骨

Ilex aquifolium

　　欧洲枸骨*是欧洲林地中最常见的常绿树之一，分布于欧洲大陆大部分地区，并延伸至北非和西亚部分地区。它也作为一种观赏植物在园林中广泛种植，因其独特的叶片或果实特征而成就的各种园艺景观数不胜数。然而，由于欧洲枸骨被引入北美并作为一种园林植物而受到欢迎，使得它在北美西部沿海，甚至是夏威夷都变得具有入侵性，因此，如今欧洲枸骨的种植受到了阻止。其红色的小果实（通常被称为浆果，但由于其种子具有坚硬的外壳，所以从学术上讲应是核果）对人类有毒，却很容易被鸟类吃

---

* 冬青科冬青属植物，俗称冬青，在欧美国家常用于圣诞节的装饰，故也称"圣诞树"。——译注

掉。它们会将种子散播到各个角落，欧洲枸骨能在那里很容易地发芽和生长。

尽管欧洲枸骨能够达到大树的尺寸，但它在园林造景中的主要用途是树篱，因为它很易于保持整洁并且可以整年提供遮挡。它也经常成为阻挡球类运动的屏障——任何不得不从修剪紧密的冬青树篱中取回球的人都知道这些多刺的叶子有多凶残。虽然不像欧洲红豆杉（*Taxus baccata*）那么容易修剪，但欧洲枸骨的顺从性足以使其在树木造型中受到青睐，被修剪成球形、立方体和各种异想天开的动物形状。

富有光泽、厚且坚韧的欧洲枸骨叶通常有波浪状的边缘，每侧最多有七根细而锋利的刺，但刺的数量不尽相同。事实上，叶片上的防卫器官有时看起来像是刺猬，又或者完全没有刺。

欧洲枸骨的叶片多刺，可以有效地防御食草动物。在野外，欧洲枸骨很容易受到各种有蹄类动物的取食，但在它的大部分分布范围内，驯养的绵羊和山羊是最常见的食客。然而，在园林中，问题通常并非来自食草动物，机械式树篱修剪器成了主要的"捕食者"。一旦受到破坏，欧洲枸骨会产生越来越多的带刺叶片。因此，最常被食用、最紧密、最经常修剪的树篱的叶子具有最多的刺。

矛木（见第65页）等树木在一定树龄或高度时产生重齿叶片的机制是固定不变的，与之不同的是，欧洲枸骨应对威胁的反应是立即产生多刺的叶片。出于同样的原因，这种树也能长出无刺的叶子。然而，在大多数情况下，如果动物的啃食或人类的修剪不构成威胁，欧洲枸骨会采取折中的做法，即同时产生两种叶片，通常是较低处的叶片有较多的刺，较高处的叶片有较少的刺。这在进化上是具有意义的，因为产生额外的叶刺需要能量，而且动物的啃食更有可能发生在离地面更近的地方。

通过产生多刺叶片以快速应对频繁的环境压力，这种能力是欧洲枸骨在一个称为"甲基化"的过程中修改其DNA的结果，却并没有改变其潜在的遗传密码。这个过程是化学物质的触发或基因表达的修饰（也称为表观遗传变化），也会发生在人类身上，例如当信息从一个分子传递到另一个分子以保护或恢复免疫系统时。在欧洲枸骨中，甲基化导致基因抑制刺叶生成，从而引起无刺叶片的发育。

除了作为装饰和吸引鸟类外，欧洲枸骨还有一些不太明显的用途。欧洲枸骨可以种植在更容易被动物食用的树种的树苗旁边，作为"保护植物"以阻止草食动物。在历史上，人们砍伐欧洲枸骨是为了利用其顶部的无刺叶片作为放牧牲畜的冬季饲料。

欧洲枸骨还与文化和宗教有着长期的联系。在基督教中，树叶和浆果与圣诞节密切相关；据说，多刺的叶片让人联想起耶稣的荆棘冠冕，而红色的浆果让人想起他的鲜血。在不列颠群岛，与欧洲枸骨有关的仪式至少可以追溯到异教徒的五朔节，此时人们会一起燃烧欧洲枸骨和常春藤的叶片。在罗马的仲冬农神节期间，欧洲枸骨的树叶和树枝也被用作花环和礼物。人们认为，用欧洲枸骨制作的家庭装饰和花环具有保护性，因为刺阻止了幽灵的进入。在过去，砍倒一棵欧洲枸骨代表着坏运气——现在仍然有人这么认为；常绿的欧洲枸骨叶片据说是神秘力量的源泉，代表着永恒的生命。

冬青属（*Ilex*）植物具有令人惊讶的多样性和广泛性，其落叶和常绿的乔木及灌木分布在全世界的热带和温带地区。在马来西亚等东南亚地区以及热带美洲的部分地区，冬青属植物的种类最为丰富，多达400余种。冬青科（Aquifoliaceae）中绝大部分物种属于冬青属，其名称（也是欧洲枸骨的别名）来自拉丁语*aquifolius*，意思是"针叶"；而冬青属的属名*Ilex*源于冬青栎（*Quercus ilex*）的拉丁语，因为冬青栎边缘带刺的幼叶与欧洲枸骨非常相似。

几种冬青属植物都和欧洲枸骨相似。北美枸骨（*I. opaca*）除了叶片颜色更暗些外，与欧洲枸骨简直一模一样；而一些东亚地区的冬青属植物则具有相似的多刺叶片。这些植物都受益于叶片的保护作用，但并非所有的冬青属植物都有刺，无论它们是否会受到食草动物的攻击。事实上，大多数冬青属植物的叶片与欧洲枸骨几乎没有相似之处，还有一些物种的叶片用途也与欧洲枸骨无关。

马黛茶是一种在拉丁美洲广受欢迎的茶饮料，由原产于南美洲部分地区的巴拉圭冬青（*I. paraguariensis*）的叶片制成。马黛茶在19世纪被进口到黎凡特，20世纪初被引入南非，现在被广泛用作能量饮料的成分，并在西方超市中作为茶叶和保健食品出售。北美地区的金榄冬青（*I. cassine*）和催吐冬青（*I. vomitoria*）在美洲原住民中也有类似的用途。再往南一点，冬青属植物*I. guayusa*被用作酒精饮料的成分，也被用作宗教仪式中的饮品、鼻烟以及解毒剂。富含咖啡因的冬青属叶片还含有可可碱，这是一种最早在可可（*Theobroma cacao*）中发现的生物碱，对人类神经系统的影响与咖啡因类似。在中国，扣树（*I. kaushue*）的叶片被用来制作苦丁茶，但人们有时也会完全使用另一种植物：木犀科（Oleaceae）的粗壮女贞（*Ligustrum robustum*）。巧合的是，欧洲女贞（*L. vulgare*）和欧洲枸骨都是欧洲常见的绿篱植物，但这两种植物听起来都不如其具有异国情调的亲缘植物一样可以作为饮料使用。

白檫木
Sassafras albidum

　　树木可以以非凡的高度、巨大且伸展的树枝、艳丽的花朵或五颜六色的果实而产生影响。白檫木没有这些特征，但仍然给人留下奇异甚至难忘的印象。

　　白檫木是一种落叶乔木，原生于美国东部的森林和林地，向北则远至安大略南部，在寒冷的冬季和炎热潮湿的夏季条件下生长最为旺盛。该物种在废弃农田中很常见，在受干扰地区属于略有入侵性的殖民者。

　　难道没什么特别的吗？嗯，如果你从白檫木旁边走过，就不可能不注意到它那非同寻常的，三叉、两叉或单叶所展现出的浓郁翠绿色，也不可能闻不到从碰伤或折断的树枝、裸露的根或具有深沟的块状树皮中散发出的甜甜的、古老糖果店一般的香气。

芳香化合物在檫木属所属的樟科（Lauraceae）植物中很常见。它们大多是毒药，因此是有效的取食抑制剂。在许多地方，檫木都不会受到害虫侵扰。这种能够散发出令人意想不到的愉悦香气的化学成分已经得到了充分的研究，但结果可能会让有些人感到惊讶。芳香化合物黄樟素是檫木树油（又称黄樟油）的主要成分，曾用于多种食品和化妆品中。在大剂量下，黄樟素对大鼠而言既是致癌物也是一种肝脏毒素，而在人类中则会导致流产。虽然黄樟油曾经是一种常用的驱虫剂，但当直接涂抹在皮肤上时，它可能会在部分人群中引起接触性皮炎。在传统方法中，人们将根皮浸泡在水中制成檫树茶（又称黄樟茶），这曾被认为是一种提神饮料和补药，而在美国和其他地方，黄樟油在被禁用之前曾是根汁汽水的主要调味料。

人们在大剂量服用黄樟油时会产生幻觉，这种特性不禁让人觉得有点可疑。当我们知道黄樟素是用于制造毒品MDMA（通常被称为摇头丸）和MDA的化合物的化学前体时，这就说得通了。黄樟素最初是从白檫木果实及其根皮中提取而来的，而所有檫木属物种都含有黄樟素；此外，在巴西的樟科香甜樟（*Ocotea odorifera*）中也发现了黄樟素，而这种植物已被用于黄樟素的商业化采集。黄樟素在茴芹（*Pimpinella anisum*）、肉豆蔻（*Myristica fragrans*）、肉桂（*Cinnamomum cassia*）和胡椒（*Piper nigrum*）中也有较低含量的存在。

　　白檫木树叶几乎可以说是独一无二的，但来自中国的台湾檫木（*S. randaiense*）和檫木（*S. tzumu*）也具有叶形转变的特点。叶片多态性在植物界并非特别罕见，但这一般描述的是尺寸上的差异，比如说快速生长的枝条上通常长着引人注目、富有光泽的大叶，成熟的繁殖枝条上的叶片则相对较小。这样的例子可以在所有杨树（*Populus*）中找到。白檫木树叶则是完全不同的情况。在其最简洁的形式中，叶片的轮廓大略是椭圆形的，一头尖一头圆。许多叶片（通常是其中比较大的）在其对称的中央裂片的两侧会生长出一对形状和大小相似但不对称的侧裂片。裂片之间的间隙，在植物学上称为"缺刻"，通常又深又窄，其边缘同样光滑。不常见的是具有二裂的叶。在这种叶片中，单侧叶更像是事后添加上去的、尚未完全形成的附属物。这也是白檫木另一个常用名"手套植物"的来源，如果仔细观察，我们可以在所有树上找到"左手手套"和"右手手套"，甚至偶然可以发现具有五裂的叶片。但为什么会有裂片呢？

　　在植物世界中，叶片的裂片模式存在巨大的差异。槭属植物和栎属植物可能是最常见的两个例子。不过槭树通常有辐射状或"掌状"裂片，栎树则大多表现出侧生或"羽状"裂片。白檫木的裂片是掌状的，当我们观察叶子时，很容易看出主脉是如何从叶柄和叶片交会处辐射出来的。裂片的出现通常被诠释为一种适应现象，以减少叶片过热。就像散热器上的散热片一样，叶的裂片有助于叶片散热。这就是为什么栎树阴面的叶片通常比阳面的叶片更大，裂片也不那么清晰明显。尽管如此，白檫木树叶的裂片数量（从无至3～5个）的变化表明，其中可能还有其他缘由。最令人信服的解释将在下文详细说明，不同类型的叶片存在于树枝上的相对位置也证明了这一点。

白檫木在当季第一次长出的叶子很小且没有裂片，但随着季节的发展，白天的温度变得越来越高，同时随着茎的伸长，叶子开始出现裂片。分裂的叶具有一个好处，它们可以在光合作用过程中保持凉爽。同时，它们不会遮蔽最早长出的叶子。如果生长持续到夏末，长出的叶片会再次失去裂片，因为一年中这个时候的太阳角度和气温不太可能灼烧未分裂的叶片。佐证这一理论的事实是，荫蔽处的白檫木和生长在较冷气候下的白檫木往往根本没有分裂的叶。生长良好的檫木——也就是说，生长在炎热且阳光充足处的檫木——通常会在秋天长出颜色鲜艳的叶子，大多是橙色到朱红色。

因此，我们有很多理由来赞美白檫木。用黄樟油调味的传统根汁汽水明显要比用不含黄樟素的黄樟提取物调味，或者根本不加白檫木的商业根汁汽水更有风味，而且在不合法的情况下，这种油仍然在一些地区保持生产。然而，撇开其生物化学特性中值得怀疑的方面和邪恶的优点不谈，白檫木还有其他利用价值。燃烧时，白檫木中的芳香化合物会产生彩虹般的火焰颜色（主要是蓝色、橙色和黄色），而这种燃烧的木材有着美妙的香味。虽然很少有木材炉爱好者会推荐白檫木柴火，因为它燃烧速度快、燃点低（热量单位低），但在早期的好莱坞彩色电影中，白檫木柴火由于其美丽的颜色而成为最受欢迎的壁炉燃料。

也许白檫木最常见的用途是制作檫树叶粉，这是路易斯安那克里奥尔菜式中的重要成分。檫树叶粉是一种辛辣的香料和增稠剂，由用白檫木碾碎的叶片粉末制成，可能最著名的用途是制作檫树叶粉秋葵浓汤（一种炖菜）。白檫木树叶中黄樟素的含量可以忽略不计，因此被认为是安全的。美国南部的乔克托族印第安人向阿卡迪亚定居者（当地称之为卡津人）介绍了檫树叶粉，这些讲法语的人曾在18世纪中期的英法战争期间逃离了加拿大沿海省份。正如他们所说，剩下的就是历史了。

冬青栎

Quercus ilex

　　考虑到全世界大约有500种栎树*，以及它们在树冠大小和形状上的多样性，栎树的叶片大小有着巨大的差异也就不足为怪了。其中最大的叶子属于槲树（见第127页），其叶片有时可能超过1英尺长，而最小的叶子则长在来自墨西哥的矮小灌木北方大果栎上，它的学名也恰如其分地被命名为*Q. microphylla*，即小（*micro*）、叶（*phylla*）。

　　除了叶片大小千差万别，栎树维持叶片生长的时长也有很大的差异。虽然夏栎（*Q. robur*）是完全落叶植物，但随着栖息地变化至地中海地区南部和东部，影响叶片的环境压力也开始发生

---

* 栎树，也称橡树或柞树，壳斗科植物的泛称，通常指栎属（*Quercus*）植物。——译注

变化，而树木应对变化的策略也变得更加精细化。阿尔及利亚栎（*Q. canariensis*）原产于北非和伊比利亚半岛（而并非学名所指的加那利群岛），属于半常绿植物，一出新叶就脱落老叶；而来自地中海西部的西班牙栓皮栎（*Q. suber*）是一种"换叶树种"，在一年内用新叶换掉老叶。冬青栎则广泛分布于整个地中海盆地，被认为是一种真正的常绿植物，其叶子可以保留一到三年。

虽然典型的栎树叶子有圆形的裂片，很像超大号的夏栎或槲树叶片，但栎树叶子的形状着实千差万别。有些栎树叶片与其他属的物种相似，其中一些也获得相应的命名。例如来自美国阿肯色州的枫叶栎（*Q. acerifolia*），*acer*即指枫树；来自高加索的栗叶栎（*Q. castaneifolia*），*castanea*为栗子。桃金娘栎（*Q. myrtifolia*）因其与香桃木（*Myrtus communis*）的叶片相似而得名，尽管二者的视觉联系略显微弱。

或许毫无意外，冬青栎的种加词*ilex*也表明了它的外形。*ilex*是冬青栎的经典拉丁名，也是冬青属植物的属名；而冬青栎的英文名holm（来自中世纪英语holin）的意思则是"多刺"。初看之下，把冬青栎和欧洲枸骨（common holly）的叶片混为一谈完全可以理解。冬青栎与冬青一样具有异形叶，其幼时的叶片长有稀疏（或偶尔浓密）的刺和尖锐的齿，然后在繁殖枝上转变为更长的狭窄叶形，边缘齿更细、更不突出。尽管这两个物种的叶片都是可变的，但与识别许多树木类似，分辨二者的诀窍就是翻转一片叶子。冬青树叶的下表面光滑无毛，而冬青栎的叶片背面则是白色的。

与冬青的相似之处在栎树中并不罕见，同欧洲枸骨一样，栎树叶的刺状突起是为了阻止食草动物。栎树在食草动物盛行的干旱地区十分常见，而有刺的叶片则是一种有效的保护。另一物种川滇高山栎（*Q. aquifolioides*）也因其叶片与冬青相似而得名，但这一学名的起名者更加坚定，毫无疑问地认可了叶片的外形（种加词*aquifolioides*的意思是"类似*Ilex aquifolium*"）。川滇高山栎原产于中国的西南部等高海拔栖息地，翻转叶子也能将它与冬青栎区别开来——川滇高山栎的叶片背面是黄色毡状的。

在野外，冬青栎是硬叶林地的主要物种。这是一类以乔木和灌木为特征的栖息地，栖息地中的植物都具有坚韧、革质的常绿叶片，能够限制水分流失。这种植被类型是世界上拥有地中海气候地区的典型特征，那里的夏季炎热干燥，有时甚至没有降雨，而冬季则温和潮湿。除了地中海盆地本身，这种气候也存在于美国加利福尼亚州和墨西哥下加利福尼亚州的部分地区、智利中部、南非开普地区以及澳大利亚西南部和南部。尽管一年中大部分时间都极度缺水，但这些地区的植物区系多样性令人印象深刻，包括几个科的数百种硬叶植物。除了地中海盆地，栎树也生长在加利福尼亚州和下加利福尼亚州，在这些地区，栎树的生长形式与其他地区同样具有多样性。硬叶植物在这些相距遥远的地区同时存在，这也是趋同进化的另一案例，即常见的适应性特征会在类似的环境中发生独立进化。硬叶（sclerophyllous）一词与厚壁组织（sclerenchyma）有关，而后者本身来源于希腊语*skleros*（"硬的"）和*enchyma*（"充满"）。厚壁组织细胞含有木质素——与木材中的成分相同——能为细胞以及由其组成的组织提供结构支撑。这些细胞在冬青栎的叶片中尤其丰富，有助于提供其特有的韧性。

应对缺水是一个严肃的问题。植物的一种常见策略就是缓慢、紧凑地生长并且长出与太阳光线平行的、坚韧的小叶。不少栎树，包括冬青栎，在条件需要时都采用这种策略。许多植物在以更少的水分生存的同时，也具备减缓叶片失水的能力，而有些物种会在这方面表现得尤为突出。欧洲桤木（*Alnus glutinosa*）就不太善于调节水分流失。作为一种沿河道生长的河岸物种，它不需要特别节约用水。然而，冬青栎的情况明显不同，因为它生长在干燥的土壤上，必须忍受地中海阳光带来的热量，所以它必须限制水分流失——这就是叶片茸毛的来源。一层细毛有助于在叶子表面形成绝缘的边界层。在冬青栎中，这个边界层很厚，有助于反射光线，但也能保持叶子凉爽并减少释放到大气中的水分。在持续干旱的条件下，冬青栎的叶片往往要比生长在更容易获得水分的地方的树木具有更多的茸毛。

作为常绿植物，冬青栎在冬季温度较低时需要采取适应性策略，在一年中最冷的时段保护好叶片。为了实现这个目的，冬青栎的叶缘通常会卷曲，从而减少暴露在环境中的表面积。但是，这种树还具有一个令人印象深刻的能力，它能将内部化合物引导到最被需要的地方，这有助于保持光合机构的完整性和功能性。例如，曝露在阳光下的叶片会制造出类似防晒霜的抗氧化剂。此外，淀粉、脂类和糖类被泵入叶片并产生防冻剂以备过冬，这有助于防止细胞间的水分冻结并造成叶片细胞破裂。

与三球悬铃木一样，冬青栎长久以来一直被视为遮阴树，同样也被用来保护古希腊学者在研究时免受夏日阳光的伤害。罗马人还特别珍视冬青栎叶片，并将其作为给绵羊铺窝的垫子，尽管随着叶子干燥且变得坚硬，它们可能不再是绵羊的首选。

冬青栎还适合于作树篱和修剪，精心塑造的大型树木是意大利园林和"意大利风格"园林的一大特色。冬青栎也被用作公园环境中的景观树，但是它在英格兰南部的入侵倾向已经令其在某些地区不那么受欢迎。在冬季寒冷的气候条件下（至少比原生地区寒冷），冬青栎的成功生长证明了这种树的广泛适用，这在很大程度上要归功于其叶子的适应性——在未来气候不太可预测的情况下，这些特征可能会更有价值。

实用的植物

我们用一棵树在海面上开沟，把陆地靠得更近，我们用一棵树盖房子；甚至神像也是由树木制成的。

——老普林尼

人类已经发现可加以利用的植物清单是一个极其庞大的库存。即使仅针对叶片来说，这也是一个震撼人心的目录。人们将尽可能多地利用植物，因为这最终是切实可行的——对于树木来说，木材的广泛用途肯定会浮现在我们的脑海中，但树叶通常有非常特殊的用途。其中一些树的用途广受认可，例如，粉酒椰对于园丁和工匠而言都再熟悉不过，而其他树木则在原产地以外并不知名。雄伟的霸王棕的巨大叶片完好无损地将自己呈现给马达加斯加人，为当地的各项屋顶工程做好了准备。另一种马达加斯加本土植物旅人蕉，也用树叶提供现成的建筑材料。露兜树的叶片则必须首先进行软化和缝合，在南太平洋岛屿上，它们被用于制作帆和房屋的侧墙。柚木作为一种非常著名的木材品种，它的叶片还为我们提供了几种有价值的文化——一种与昆虫有关，另一种则与真菌有关。另一方面，一些叶子，如装饰性的槲树叶片，在日本的烹饪展示中因其大小和美丽而备受推崇。最后，桑和蚕向我们讲述了生活在6 500年前的人们的创造力和创新本能。

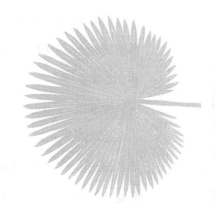

霸王棕

Bismarckia nobilis

马达加斯加是印度洋南部的一座岛屿，以其独特的生物多样性和多样的生态系统而闻名。马达加斯加生物多样性最突出的特点之一是其高度的特有性，即仅在该地区生存的本土物种；在马达加斯加，生物群中有相当惊人的比例都是该岛特有的物种。例如，灵长类动物的一个分支——狐猴——在世界上其他地方都不存在，但马达加斯加岛上却居住着近100种不同的狐猴。特有现象不仅限于哺乳动物。岛上的200种蛙类为当地所特有；事实上，岛上所有的两栖动物都是当地特有的。植物的统计数据同样令人震惊。总的来说，12 000种原生维管植物中，有96%是马达加斯加特有的。至于棕榈，岛上存在200多个物种，其中只有7种也生长在其他地方。

具有如此丰富的多样性，人们可能会认为没有哪种棕榈可以从所有棕榈中脱颖而出，但霸王棕做到了这一点。马达加斯加的棕榈多样性主要体现在该国东北部的热带雨林中，但霸王棕原产于较为干旱的西部，主要分布在热带草原上，有时生长在广阔的林地中。霸王棕本身就是一个巨物，拥有异常粗壮的单体树干，上面着生着同样令人印象深刻的、绿色或偶尔带有铁青色的扇形叶片，并形成对称的球形树冠。这些庞大树叶的叶柄围绕着树干呈螺旋状排列，树叶上稀疏地覆盖着对比鲜明的棕色茸毛。叶柄与树干的连接堪称结构工程的精美案例。每片叶子下面都有几片重叠。随着霸王棕向上生长，长出更多的叶片，叶柄就会交替向左或向右分叉，这使得任何一片叶子的重量都由强大的外部叶柄在其底部相互穿叉进行支撑。虽然这种结构并非霸王棕所独有，但粗壮树干周围硕大的叶柄基部使这种形态格外吸引人。该物种的蓝叶变种在观赏园艺中极受欢迎。

霸王棕又大又漂亮，被广泛认为是所有棕榈中最具观赏性的一种——它的种加词 *nobilis* 意为"宏大的"。1881年，德国植物探险家以德国总理奥托·冯·俾斯麦（1815—1898）的名字为这种棕榈命名*，这是极为罕见的以政治人物给植物命名的例子。此时

---

* 霸王棕的英文俗名为 Bismarck palm，又称俾斯麦棕。——译注

正值普法战争结束后不久，俾斯麦大获胜利而拿破仑三世遭遇耻辱性的失败。毫不奇怪，这种命名激怒了在马达加斯加的法国殖民统治者和他们在巴黎植物界的相应人员，他们试图更改霸王棕的学名，但没有成功。

棕榈科（Arecaceae）表现出惊人的植株类型多样性，包括乔木型、藤本型、灌木型甚至无茎型。棕榈茎干可以单生或丛生，但它们的共同点是具有单个分生组织，即位于树干顶端树冠中的活跃分裂细胞区域。棕榈树的一个独特之处在于，如果这个生长点被破坏或移除，茎基本就会死亡。任何接触过棕榈的人都可以证明，棕榈的叶和茎呈坚韧的纤维状，但分生组织完全是另一回事。这些组织可能隐藏在树冠中，却很柔软、很容易被捕食或受损伤。因此，茎刺和皮刺成了棕榈的保护性适应与共同特征，避免被食草动物取食，而多刺棕榈在非洲大陆数量众多，那里大象、长颈鹿和其他有蹄类动物都很常见。不过，400千米外的马达加斯加没有这样的大型食草动物，因此只有一种本地棕榈有刺。

大多数人只能识别两类棕榈。具有羽状叶的棕榈叶子由一个拱形的中心轴支撑着纤细的、分布相对均匀的小叶，椰子（*Cocos nucifera*）、海枣（*Phoenix dactylifera*）和随处可见的散尾葵（*Dypsis lutescens*）都遵循这一模式。而具有掌状叶的棕榈，如耐寒的棕榈树（*Trachycarpus fortunei*）、矮棕（*Chamaerops humilis*）

或霸王棕，其叶柄粗壮，末端为宽阔、褶皱的扇形叶片或光合面。霸王棕的叶片直径可达3米，坚固的叶柄长度可超过2.5米。这种巨大的纤维状叶片有多种用途，包括撕开后用作编织篮筐，完整的叶片则被用于建筑和屋顶。方便之处在于，当老叶最终脱落时，叶子的重量足以使叶柄从树干上整齐地掉下来。这使得树干非常光滑，而采集树叶的任务也更加简单。

尽管霸王棕在马达加斯加很常见，并且作为观赏植物而广受欢迎，但人们对于帮助传播其李子般大小的果实的昆虫等动物知之甚少。很可能我们永远也无法确定答案，因为马达加斯加早就建立起的许多动植物相互作用已经被彻底破坏。可悲的是，马达加斯加80%以上的原始森林已然消失，而被列为灭绝、极度濒危、濒危或易危等级的动植物数量持续增加。据估计，该岛80%以上的特有棕榈正濒临灭绝。即便如此，仅存的少量封禁林地仍能让我们回想起曾经在马达加斯加繁衍生息的壮观的生物多样性。

粉酒椰

Raphia farinifera

酒椰属（*Raphia*）大约有20个物种，其中包括具有典型特征的棕榈和一些长有地下茎的棕榈。酒椰属植物适应了湿润的栖息地，主要分布在潮湿或沼泽地区，大多原产于西非部分地区，而只有一个物种分布在中美洲和南美洲。粉酒椰原产于热带非洲，尽管它也生长在马达加斯加，但人们认为这是人类在首次定居该岛后才将其引入的。

粉酒椰相对粗壮的单生茎可以长到9米高。虽然这已经足够令人印象深刻，但它的叶子更加让人惊奇。据测量，粉酒椰的叶片长达21米（约为一座板球场的长度），在其叶轴两侧有多达150片小叶。叶柄也长达6米，每片小叶长2米以上。植株的茎尖长有十几片叶子，叶子从直立的橙色叶柄向外拱起，仿佛绿色的鸵鸟羽毛放射状散开。但似乎21米的叶片还不够长，另一种酒椰属棕榈——王酒椰（*R. regalis*，英文俗名翻译为"皇家粉酒椰"）的叶子更大，从叶柄基部到叶轴顶尖的距离长达25米，这使其成为植物王国中最长的叶子。虽然这些叶片如此引人注目，但超大的叶片在收集和储存以进行对照研究方面实在有点棘手，更不用说在沼泽地航行前要首先确定植株的位置了。因此，围绕酒椰属的分类仍有很多问题，但在属内建立关系的工作仍在继续。

和叶片的惊人尺寸相一致，粉酒椰的花序长度可达3米。这种树大约生长20年后才能开花，再需要3～6年的时间才能完成结果，而后便走向死亡。这种一次结实植物的生存策略出现在酒椰属所有物种以及另外一些棕榈中，但这在其他树木中非常少见。

考虑到其叶片的巨大尺寸，粉酒椰的多种用途便不足为奇。目前人们已经记录了大约100个不同的案例，但并非所有的案例都利用的是叶片。也许更特别的是，有一种酒椰属植物加蓬酒椰（*R. gabonica*）没有任何用途记录。粉酒椰是人类利用最彻底的物种之一，而其他几种植物也具有类似的用途，这取决于它们在当地的可获取程度。

酒椰属植物的叶子最重要的价值之一是人们可以利用其中的纤维。当叶子还幼嫩时，人们将纤维从发育中的小叶上剥去，干燥后扭成线，然后用于编织垫子、篮子、帽子和玩具等产品。在中非部分地区，人们会在传统仪式上穿着由酒椰纤维织成的衣服，其中蕴含着重要的文化意义。在前殖民时期，酒椰布料被用作货币并以物易物。这种纤维也是园艺用绳的来源，可用于连接和支撑花园植物，尤其是在花艺设计中连接花束。酒椰麻绳之所以受到西方园丁的欢迎，主要是因为它是一种天然纤维，柔软、有韧性、牢固且最终可生物降解。

随着树叶的衰老，它们的实际用途会发生变化，但并没有失去价值。坚韧的小叶中脉能制造扫帚，而编织在一起的衰老小叶可以成为盖屋顶的原材料。酒椰茅草可以使用5年左右，不仅能让建筑物比起采用合成材料的更为凉爽，同时还能减弱暴雨的声音；因此，它比合成材料更有利于睡眠。

叶子上巨大、结实的叶柄和叶轴也有多种用途，并且因其与远亲植物的视觉相似性以及类似效用被称为"竹子"。这些部位可用于制作围栏、墙壁和屋顶，作为小叶茅草的支撑。它们也可用于编织篮筐和制作渔网浮子。

酒椰的用途也并不总是如此现实。在中非部分地区，粉酒椰被用来制作各种乐器，其中包括传统的齐特琴（ mvet ）*。巧妙的是，

---

* 齐特琴是加蓬、喀麦隆、圣多美和赤道几内亚地区的一种弦乐器，它由一根1～2米长的棕榈制成的管状棒组成，通常有三个葫芦共鸣器。——译注

一个1～2米长的叶轴可以容纳三到四根弦，这些弦也是由从叶轴边缘剥落的窄条制成的。琴弦延伸分布在中央的木桥上，并从两侧进行弹奏。然而，酒椰琴弦无法持续使用很长时间，因此人们会尽可能首选金属琴弦。叶柄片也用于放大乐器的声音，同样也用于制作乐器塔鸣图巴*的共鸣板——这是喀麦隆巴杰利人的一种单弦竖琴。

酒椰叶轴也被用来制作拇指钢琴（非洲的一种薄片乐器），它在中非被称为*sanza*，而在东非被称为*mbira*；在这种乐器中，舌状的小薄片被安装在共鸣板上，人们用手指进行弹奏。薄片可以由叶轴的最外层制成，共鸣板则是由三四个叶柄连接在一起制成的。

当然，人们不仅仅利用了酒椰的叶片，植物的其他部位也有无数用途。人们利用树木的汁液酿造葡萄酒，并且在皇室登基典礼和家庭庆典上都会饮用。在喀麦隆农村，在商业和社交场合分享葡萄酒以表达感激之情被视为一项重要行为。然而，砍伐树木获取汁液是一种危险的职业，事故和伤害屡见不鲜，而产品本身也很快就会变质。

在某些物种中，酒椰果实是可以生吃或煮熟食用的。果实外

---

* 即*támintúbà*，此处为音译。——编注

壳能制作纽扣，种子则用作装饰。当然，还必须注意的是，酒椰（尤其是粉酒椰）是令人印象深刻的观赏植物，至少对那些具有气候和空间条件进行种植的人而言是这样。

因此，除了稀有的加蓬酒椰外，酒椰着实是一种多用途的植物。尽管如此，酒椰属直到2015年才首次获得描述，因此我们仍然需要时间来揭示它们的用途——如果我们还有时间的话。毕竟，加蓬酒椰已被列入面临灭绝威胁的物种名录。缺乏实用性可能是一件幸事。

柚木

Tectona grandis

柚木被广泛认为是最有价值的热带硬木之一。它是造船和户外家具制造的首选木材，广泛用于饰面薄板生产。柚木也是世界上种植最多的木材物种之一。许多人都十分熟悉它那纹理细密、油质的棕色木材，但与其他硬木一样，消费者基本上不知道热带商品的起源，尽管他们可能会在航行和吃晚饭等日常生活中利用这些商品，或者用它们覆盖橱柜正面和地板。他们也不知道这些树实际上是什么样子。又有谁能责备他们呢？

随着树木的生长，柚木展现出它挺拔的树姿、具有凹槽和扶壁状的根基，以及由伸展的树枝形成的开放式的枝干，并且可以延伸到30米以上。在成熟的植株上，茂盛的树冠间季节性点缀着柔软多毛的叶子，还有一簇白色的小花。作为一种开放生长的植物，柚木十分高大，树冠又高又圆。

虽然柚木是唇形科（Lamiaceae）的一员，但它与人们更熟悉的具有方形茎干的亲缘植物（如鼠尾草或留兰香薄荷）几乎没有相似之处。事实上，直到不久前，柚木仍被归类于完全不同的马鞭草科（Verbenaceae）。然而，有一些特征使人们更容易理解柚木与薄荷之间的联系。即使粗略地看一眼典型的唇形科植物，也能发现其独特的叶序形式；沿着茎的每一对叶子与上下两对叶片之间呈直角排列。从茎尖往下看，叶子形成了完美的四列。柚木也具有同样的四列交互对生叶序，但柚木叶片也可能为轮生叶序，而且比大多数唇形科植物的叶子更大、香味更少。

虽然叶片显然是植物生长的基础，但它们在冠层中的大小、间距和数量与植物的生产力有着很大关系。大型叶可以构成一个相当大的光合平台，而柚木的叶子确实很大。据推测，大型叶所积累的热量能够以更高的速率驱动光合作用。假设在光照、水分和二氧化碳并不短缺的情况下，更大的叶面积意味着更多的木材，因为树木中的木质主要来自光合作用固定的碳。当然，在热带阳光下，大型叶可以被加热到其内部的化学物质变性、正常代谢过程受损的程度。与此相抵消的有两种现象。第一种现象是叶片表面茸毛所产生的边界层效应。和冬青栎一样，浓密的茸毛在叶片表面形成一层隔热的空气，这有助于调节叶片内部的温度。更重要的则是蒸腾作用，即通过气孔（用于气体交换的孔隙）蒸发的水分损失。在某种程度上，通过气孔损失的水分越多，叶片温度就越低。虽然这种冷却效应被称为"蒸腾潜热"，但这种效应背后的科学原理既不深奥也不陌生。当叶片内的水分通过气孔蒸腾时，它必须吸收热量使液态水变为水蒸气，热量便随着水蒸气被带到大气中。汗水对我们的皮肤也有同样的影响。

柚木原产于南亚和东南亚的部分地区，那里的气候炎热潮湿，一年中即便不是全部、也有大部分时间都是多雨的。在季节性干旱的地区，柚木会落叶，直到再次下雨才会停止落叶。这一特点在生态学上很有意义，因为如果没有足够的水分以供蒸发，叶子很容易过热和干燥。

该物种自然生长在丘陵地带的茂密森林里，复杂的自然条件阻挡了绝大多数人进入这些地区的脚步，却拦不住最有冒险精神或充满决心的旅行者，更不幸的是还有木材偷猎者。就全球产量而言，人工种植柚木的数量现在大大超过了自然生长的柚木。尽管柚木种植园几乎遍布热带和亚热带，但游客不太可能遇到柚木种植园。在大多数情况下，种植园已经取代了以前无法进入、物种丰富的大片森林，并且其位置也远离海滩和自然保护区。

柚木种植园是一贯荒凉、栽培物种单一的林地，由一排排树龄相同的树木组成。在拥挤的种植园中，较低的树枝和树叶很快脱落。在下面的地面上，通常只能看到干燥的叶子、树枝和零散的灰色软树皮碎片。如果说柚木以这种方式种植会失去很多威严，那就太轻描淡写了。众所周知，柚木的树叶和树皮都具有化感作用，也就是说，它们产生的化合物可以减弱其他植物的生根和生长，而这些天然除草剂以及来自上方的巨大阴影有助于保持地面上没有竞争性的植被生长。与此同时，由于柚木种植园的地面是光秃秃的，导致土壤暴露在暴雨的侵蚀作用下（暴雨正是这些地区的特点），因此造成的影响不仅仅是土壤流失和阴沉的景观。

由于柚木的木质中含有油脂，这些树木通常具有抗虫性，但柚木种植园的整齐划一以及生物多样性的缺乏为促进害虫繁殖创造了条件，例如食叶昆虫柚木驼蛾（*Hyblaea puera*）。这种食叶昆虫是一种看起来无害的本地蛾的幼虫，它以前不太重要，但现在经常破坏柚木种植园。驼蛾幼虫以树叶为食，通常会使整棵树完全落叶，只在悬挂于树枝上的树叶中脉周围留下残破的绿色。而后幼虫化蛹并落到地上。在印度尼西亚农村的部分地区，如果种植园中的柚木（而并非原生于此）遭受虫害，当地村民会将这些虫茧收集起来并把虫蛹吃掉。在生物多样性水平较高的森林中，这种虫害只是偶尔爆发，树木很容易恢复。虽然它们减少了人类受益于额外蛋白质来源的机会，但在完整森林中生存的许多其他捕食者，包括各种鸟类和灵长类动物，有助于控制柚木食叶昆虫的数量，从而减轻植株的压力。

柚木具有高度的抗腐蚀性，因此当地人在传统上将柚木用作建筑材料，尤其是在桥梁建设和其他需要木材经常与水接触的项目中。柚木叶在整个亚洲热带地区的传统生活方式中也占有重要地位。在民间医学中，这些叶子被推荐用于治疗痢疾、贫血、虚弱、疟疾、喉咙痛和肺结核等疾病。柚木籽油甚至被认为是一种毛发生长促进剂——奇怪的是大制药公司并没有对此进行尝试。在印度南部的部分地区，柚木叶被用来制作"波罗蜜饺子"（pellakai gatti），人们将波罗蜜（*Artocarpus heterophylus*）面糊倒入柚木叶中并蒸熟。在爪哇，人们在水中添加柚木叶并将波罗蜜在水中煮沸，以增添深棕色的感觉，这道菜被称为gudeg。柚木叶最不寻常的用途可能是作为印尼豆豉的起子，这种做法也起源于爪哇。印尼豆豉是一种发酵过的豆腐状产品，越来越受到素食主义者的欢迎。它通常由大豆制成，其白色的酥皮很像是一些软奶酪的外皮。发酵所需的真菌少孢根霉（*Rhizopus oligosporus*）天然存在于柚木和黄槿（*Talipariti tiliaceum*）满是茸毛的叶片背面，这两种植物在爪哇当地都被用于制造印尼豆豉。

露兜树

Pandanus tectorius

露兜树是一类热带灌木，具有半木质的茎和常绿的条形叶片。它们是非常独特的一类植物，其中大多数物种都是低矮的树木，树干粗大、倾斜，或多或少有着突起的水平叶痕，由长长的管状支柱根支撑，使植物能够在流沙中生长。露兜树的茎干基部布满支柱根以及由发育失败的气生根衍生而来的柱状突起，其叶片向枝尖密集生长，呈螺旋状排列，在大多数情况下朝向独立的三行。叶片的中脉和边缘通常多刺，但无刺的叶片形态同样存在，并且通常是有意培育的。露兜树的果穗也非同寻常，它来源于菠萝状的雌花花序（雄花则以下垂的簇状生长在不同的植株上）。一旦受精，整个雌花序便发育成一个大致呈球状的沉重结构，由多个包含种子的紧密贴合的雌蕊束，或者是连接到中轴的果束组成。在一些物种中，头状花序是圆形的，但另一些物种的花序更细长。雌蕊束具有浮力和足够的防水性，即便在海洋中漂浮长达数月也可以保持内部种子的完好。与椰子一样，洋流是露兜树的主要繁衍方式。露兜树科（Pandanaceae）与丝兰属和棕榈科有着亲缘关系，它们的叶序都呈螺旋状，叶片具有鞘基。除此以外，露兜树看起来和它们没有什么相似之处了。

露兜树不是松树。事实上，露兜树是单子叶的开花植物，大多数成员都具有平行叶脉、花部基数为3、纤维状的茎内维管束呈星散排列。单子叶植物之所以这样命名，是因为它们的发芽幼苗起始自单片的子叶。绝大多数单子叶植物是草本植物，如兰花、姜和禾草（竹子也是草，但这完全是另一回事）。作为针叶树的松树是双子叶植物（具有两片子叶的开花植物，且具有维管形成层）。维管形成层是茎最内部的圆柱状分裂细胞。新细胞在维管束的外面产生，这使得树的胸径得以扩大。当树木生长时，形成层内部的细胞死亡并木质化，形成木材，而外部的分裂细胞也会死亡，通常变成软木状，形成树皮。在双子叶植物的茎和根中，只有这两种组织系统之间的细胞是活细胞。在单子叶植物中，由于维管束分散在茎组织中，因此它们无法像双子叶植物一样增粗或者产生真正的木质；由于这些原因，单子叶植物在尺寸、耐用性和强度方面受到更大的限制。尽管有这些限制，一些单子叶植物仍然可以长得很高大，而露兜树就可以生长成高约15米的分枝良好的树木。然而，露兜树树干和树枝的最大直径只有25厘米左右。

露兜树原产于太平洋岛屿、东南亚部分地区和澳大利亚北部，通常生长在靠近海岸线（高水位线）的海滩或直接生长在海滩上。该物种非常适应这类环境，因为它能够忍受干旱、潮水、强风、盐碱土和盐雾。露兜树树叶的大小和形状各异，长至3米、宽至16厘米。叶子的横截面呈V形，尤其是基部，这能够将雨水引导到茎和枝条上，而后水沿着茎和支柱流下，直接渗透到根部周围的地面。这是一种实用的适应现象，因为在沙质环境中，水分通常会很快排出。叶片幼嫩时坚硬向上，而成熟叶片则向尖端剧烈弯曲，悬挂在空中随意摆动。更老枯叶的下摆则为各种小动物提供了庇护所和筑巢机会。

自从人们居住在露兜树生长的地方以来，他们就一直在根据果实、树枝和树叶的各种特性，在整个物种范围内进行选择。选择通常针对特定的地点和用途，或者针对一组用途，并且每种选择在本土语言中通常都有一个名称。虽然露兜树可以很容易地从种子开始生长，但人为选择的方式必须进行营养繁殖；也就是说，通过将分离的茎段生根来繁殖。这样，所选植物的每个后代个体在遗传上都是相同的，从而使它们成为技术上所说的"品种"（其英文cultivar是来源于cultivated和variety的合并词）。

由于露兜树的叶子坚硬且呈革质，叶缘往往具有锋利的尖刺，因此在实际使用之前通常需要进行一些处理。即便无刺的叶子也必须先在海水中浸泡或者煮沸以令其软化。露兜树叶被广泛使用，不仅用作传统房屋的屋顶材料（其种加词tectorius的意思是"与屋顶有关"），而且还用于编织篮子、垫子和屏风，甚至以前会用于制作独木舟帆。树干和树枝可用于建筑，而支柱根有时用于制作篮子把手、画笔或跳绳，或加工成染料和传统药物。许多露兜树属植物的叶子可用于烹饪，例如，最初原产于摩鹿加群岛的香露兜（P. amaryllifolius）就被广泛用于南亚和东南亚菜肴，但露兜树的叶子既没有香味也不可食用。

露兜树的雄花除了传粉外，还因其香味而颇具价值。它们被用于芳香椰子油、塔帕纤维布以及花环制作当中。与其他露兜树属物种一样，露兜树的头状花序差异很大。它们通常是球状的，由多达200个楔形果实组成。在一些品种中，头状花序很小，而在另一些品种中，头状花序可能有篮球那么大，果实极其厚实，像雪糕一样。成熟后，整个球形果序变成明亮的橙红色，吸引着葵花鹦鹉。对人们来说，适口性是水果重要的评判标准。有些露兜树品种是新鲜食用的，而另一些品种则在保存后食用更佳，还有一些品种被用作捕捉龙虾的诱饵。但实际食用性是另一个重要的衡量标准，纤维状的果实可能会被烘干并用于制作燃料、油漆刷或鱼网的浮子。果实内的种子有时会被烤熟或直接生吃，而一些品种的种子甚至明显带有椰子的味道。

像许多传统社会所利用的植物一样，栽培露兜树的多样性正在减少。该物种分布范围内的居民变得更加城市化，使用传统方法对其加工的兴趣有所降低，加上文化缺失、火灾对栖息地的破坏、森林砍伐和开发，都使可用的品种遭受了重大损失。

旅人蕉
Ravenala madagascariensis

很少有树的结构如此奇特，以至于配得上"无法虚构"的评价，但旅人蕉绝对是其中之一。人们认为仅存在于马达加斯加的植物（和动物）都具有不同寻常的特性，但即便是和马达加斯加的特有植物相比，旅人蕉仍然非常特异。旅人蕉不是棕榈*，而是属于鹤望兰科（Strelitziaceae）的旅人蕉属（*Ravenala*），与鹤望兰属（*Strelitzia*）密切相关，后者是花店中常见的一种艳丽切花。鹤望兰和旅人蕉这两种植物的叶片都为明显的两列扁平生长。展开的叶片把老叶推到两边，形成了令人瞩目的扇形。也有其他植物

---

* 旅人蕉的英文俗名为traveler's palm，直译为"旅人棕榈"。——译注

以这种排列方式而闻名——鸢尾就是一个常见的例子——但这在植物界并不常见。

旅人蕉的叶片可以很大。它们长在一根粗壮、单生或基部偶尔分枝的茎上，茎可高达20米。在茎上，20～35片叶子延伸到近10米长。每片叶子都有宽广的抱茎叶基和同样长度的圆柱形叶柄，从而支撑着类似香蕉叶的巨大叶片。淡黄色的叶基紧密重叠，形成庞大的半圆形基部，叶柄由此向外展开，就像一个奇异的头饰。就好像这还不够引人瞩目，每棵树上的扇形叶片始终只朝向东方和西方。这种可靠的指南针定位在热带地区非常实用，因为那里白天的太阳大多在头顶上方，这很可能是"旅人蕉"这个名字的来源。这个名字还有另一个经常被提及但不太可信的来源，那就是口渴的旅行者可以利用雨水充盈的叶柄基部饮水；但这些积水中的液体更有可能给旅行者带来意外。作为马达加斯加受威胁的奇异植物群，旅人蕉的树冠形状辨识度极高，因此植物保护慈善机构国际植物园保护联盟（BGCI）已采用其形象作为标志。

如此大的叶片通常会用于建筑，尤其是房屋建筑中，但旅人蕉的所有部位都可被马达加斯加当地人使用。树的肉质核心有时作为蔬菜烹饪，也用于民间医学和兽医。叶柄用于建造墙壁和屋顶，而叶柄纤维则用于制作绳索。旅人蕉的树干直径可达60厘米，是铺设木地板的传统材料。

旅人蕉是单子叶植物；也就是说，植株具有肉质或纤维状的茎，而不是木质茎。大多数单子叶植物的小花以3为基数。那些适应开放环境的植物通常具有蒴果，或至少是干果，以及具有平行脉的狭窄叶片。禾草就是明显的例子。相比之下，大多数适应荫蔽环境的单子叶植物进化出了更宽的叶子，具有次生分枝脉序和经动物传播的肉质果实。但旅人蕉并不完全属于这种模式。尽管它广泛分布于马达加斯加东部的开阔地带，但它的阔叶更适合受保护的森林环境，而其果实在干燥的情况下——正如所料——具有包裹在肉质假种皮中的种子；这种富含油脂的种子附属物可以吸引动物。

旅人蕉的叶片具有羽状平行叶脉。在这种脉序中，小叶脉或多或少垂直于中轴的主脉。虽然阔叶是有效的光截获器官，但它们在野外开阔地带会遭受相当大的风害。就像裸露的香蕉叶一样，旅人蕉的叶片很容易就会沿着平行的叶脉撕裂，从而减少风中的阻力。虽然叶子看起来破破烂烂，甚至呈羽毛状，但通常撕裂情况并不严重，而光合表面积几乎没有减少。事实上，撕裂对于生长在野外的植物而言可能是个优势，因为较小的叶表面积和摆动都能有效地减少热负荷，而边缘面积的增加往往会促进辐射热损失。

扇形叶片的中心是花朵的生长之处，而旅人蕉的花序恰如其分地令人印象深刻。它们向上延伸到树冠，多个船形苞片扭曲地堆叠起来。每个苞片部分包围着充满花蜜的艳丽白色花朵。这与南非物种鹤望兰的排列方式非常相似，只是鹤望兰的花颜色鲜艳，且通常长在叶丛上方以更好地吸引鸟类传粉者。马达加斯加当然也有鸟类，但旅人蕉的授粉任务是由领狐猴（*Varecia variegata*）来承担的。这些如猫般大小的长尾树栖灵长类动物擅长在高空觅食，能迅速接触到花朵并获取富含糖的花蜜。领狐猴造访时，它们的鼻子以及周围的毛发会沾上大量的花粉，从而将其传播到其他花朵上。

旅人蕉花朵受精后发育成蒴果，蒴果会裂开露出一排靛蓝色的种子。准确地说，种子本身不是蓝色的，而是覆盖着一层蓝色的假种皮。蓝色的假种皮并不常见，却对领狐猴和指猴（*Daubentonia madagascariensis*）有着极高的吸引力。指猴是另一种罕见的马达加斯加特有哺乳动物；作为一种小型灵长类动物，指猴以其长且茸毛浓密的尾巴、蜘蛛般的手指、大耳朵和巨大的眼睛而闻名，它们可以在黑暗中有效觅食。多年来，科学家们一直无法理解指猴如何识别假种皮的蓝色，因为人们通常认为哺乳动物在黑暗中不具有色视觉能力。然而，事实证明，与其他灵长类动物相比，指猴在蓝色范围内的视觉能力更强，它们能够在昏暗的光线下看到这种颜色。

就像旅人蕉独特的传粉综合征一样，由指猴传播旅人蕉种子的独特细节也是马达加斯加特有灵长类动物与植物共同进化的另一案例。旅人蕉目前没有濒危或受到威胁，但这些极具魅力的灵长类动物在其原生栖息地的数量正在急剧下降——世界自然保护联盟已将指猴列为濒危物种，将领狐猴列为极危物种——这可能对马达加斯加的旅人蕉生态情况产生深远的影响。

桑

Morus alba

　　桑树在东西方都有着悠久而迷人的历史。桑属（*Morus*）由大约十几种外观相似的落叶乔木和灌木组成，原产于亚洲、非洲和美洲的暖温带和亚热带地区。所有物种都具有可产生乳液的茎和薄纸质的大叶，叶片有明显的齿，通常有不规则的裂片。这有助于确定它们属于桑科（Moraceae）。当桑树在春天第一次长出叶片时，它也具有随之而来的成对线状小托叶，但托叶很快就会脱落。

　　可食用的桑葚是一种类似黑莓的柔软水果，每个小核果沿着细长的轴排列。桑葚中的每个肉质核果实际上都是独立的果实，而不是像黑莓和覆盆子那样由一朵花形成单个核果。受精之后，果实就会膨胀并聚集在轴上；因此，这种果实被称为复果。

桑是一种生长迅速、寿命短、耐寒的中小型树木。这一物种最初原产于中国中部和北部，但已广泛引种并在许多地方种植，从而用于生产丝绸。宽而粗糙的叶子正面是亮绿色，背面是浅绿色。健壮、坚硬的枝条上通常长有不规则的裂叶，而较老的枝条，尤其是繁殖枝，则大多长有未分裂的小叶。除了叶片，桑的其他部位几乎没有明显特征，因此可能很难识别，但老树的树干具有脊状突起以及鳞片状的浅棕色树皮。它的单性花并不特别突出——雄花存在于小型细长的柔荑花序上，而雌花则长在偏卵形的柔荑花序上。大多数植株不是以雄花为主就是以雌花为主，但有些植株两种花都有，并且是自花结实。桑的无果品种（严格来说是雄性株）被挑选出来通常是为了产生大量风媒传播的致敏花粉。

桑作为一种观赏树种，有着一波三折的历史。在北美大部分地区，它现在被认为是一种粗糙的野生树，并且在一些管辖区已成为入侵物种。桑很容易生长，就像柳树一样甚至可以从被锤入地面的粗树枝上发芽（传统的繁殖方法之一）。桑葚确实很容易把周围环境弄得脏兮兮的——成熟果实污染地面的能力也堪称一绝——但从现有的大量无果或多果品种选择来看，桑树肯定仍然有不少拥护者。在英国，评论通常偏向赞成态度，但这可能是因为该物种在此地很少种植，至少在其自然形态下是如此。英国常见的桑树一直是枝条下垂的自结实品种"垂枝桑"（Pendula），它具有像窗帘一样垂落的坚硬枝条。

桑的果实可能是白色、红色或紫黑色，其口感甜美，但远不如来自美国东部的红果桑（*M. rubra*），更不及来自西亚、具有黑色果实的黑桑（*M. nigra*）。罗马人将黑桑带到英国，以获取其果实并将其入药。该物种的根皮以驱除肠道蠕虫而闻名——这也是红果桑的特征之一，同时也是美洲原住民独享的一种好处。然而，直到都铎王朝时代，黑桑才成为一种常见的美食。尽管黑桑的果实更美味，但考虑到其观赏性和叶片产量，黑桑目前的地位通常落后于桑，而后者的叶片正是家蚕的首选食物。

大多数说英语的人对桑的第一印象都是从童谣开始的，"在一个寒冷下霜的早晨，我们绕着桑树丛"。尽管桑是树木而非灌木，但这首诗仍被认为是对16世纪至19世纪期间英国在不同时期尝试采用黑桑建立丝绸业的讽刺——虽然桑才是家蚕最喜欢的饲料，但它们也会食用黑桑的叶片并生产丝绸，而这样的丝绸品质比较粗糙。不幸的是，在这段被称为"小冰期"的时段，在英国种植喜热树木尤其困难，更不用说饲养来自中国的毛虫了。不适合养蚕的温度以及采用黑桑叶喂养蚕可能都是导致结果令人失望的原因。

除寒温带地区外，桑的种植一直与丝绸的生产密不可分。尤其是在桑的原产地中国，许多不同的毛虫天然以这种树叶为食。人们究竟在多久前就知道这些蛾类幼虫的茧（在当地称之为蚕）可以解开并纺成丝绸，这一点引起了广泛的争论。许多历史学家现在认为，早在公元前4500年，丝绸制造技术就已被人们所熟知。

据说，最好的丝绸是由食用半枯萎的桑叶的家蚕（*Bombyx mori*）所生产的。桑树黏性乳液中的化学混合物与家蚕幼虫自身化学成分丰富的唾液完美结合，形成了一种独特的丝状物。目前已知家蚕的驯化始于野蚕（*B. mandarina*），它是桑的天然伴生物。对于这种野生昆虫的选择性繁殖最终诞生了一种行动缓慢、不会飞的蛾，人类可以有效地监测并指导其产卵。此外，人们选择了幼虫极大、可以产生相当大的蚕茧的蛾类来改进育种品系。现在人们很容易在木制框架上饲养蚕，它们远离捕食者，只要愿意吃就可以一直为其供应和补充新鲜桑叶。因此，一代又一代的选择性育种培育出了大型蚕，它们在桑叶上咀嚼度过一生后，就可以结茧从而提供大量精细的丝线。

与其他蛾类和蝴蝶一样，当家蚕的幼虫长到最大（通常在生长季结束时），它会纺出一个保护性的茧，并开始变态成为蛹。蛹壳包围并保护着即将发育为蛾的身体和翅膀。当准备好羽化时，家蚕会撕开蛹壳并产生可以溶解蚕丝的酶，从而从蛹中逃脱。然而，人们很快发现，如果在家蚕有机会降解蚕丝之前先将茧放入沸水中，茧就会软化，蚕丝更容易被解开。许多人会谴责丝绸生产的这一方面，例如圣雄甘地，因为大多数蚕都牺牲了，只有剩下的少数蚕会孵出并为下一代产卵。蚕丝的生产过程可能无法令极端严格的素食主义者或善良的佛教徒满意，因为许多遵循亚洲文化的人在实际进行丝绸制作时，会把蛹从茧中取出后食用。例如，在中国云南，人们用盐腌制并加入辣椒油炸蚕蛹；而在泰国，蚕蛹经过加工和冷冻干燥后可以制成松脆且富含蛋白质的零食。

虽然中国的统治者最初试图将丝绸生产限制在中国境内，但这种做法逐渐在中国境外流行起来，随着丝绸贸易的激增，贸易路线也在增长。众所周知，丝绸之路将中国和东南亚与印度次大陆、波斯、阿拉伯半岛、东非和南欧连接起来。经过几百年的快速发展，丝绸生产的技术和桑最终进入了西半球。墨西哥仍然在生产供给国内消费的丝绸，巴西实际上是全球第四或第五大丝绸生产国，但从未繁荣过的美国丝绸业已不复存在。然而，桑却作为一种常见树木被遗留下来，仍旧生长在最初建立种植园的城市附近。

槲树

Quercus dentata

橡树（栎树）是力量和长寿的普遍象征。最常见的树种是具有宽大树冠、木质坚硬耐用、落叶有裂片或粗齿的树木；然而，该属植物形态多样，从细枝小叶的灌木到高大的热带森林常绿植物都有。在大约500个物种中，大多数植物都原产于北半球较干燥的地区，由几个具有显著多样性的地区作为代表：北美东部、北美西南部、墨西哥、东亚以及地中海西部和东部地区。无论它们是矮小灌木、热带巨人，还是我们在公园和街道上更常见到的大型落叶树，所有栎树的叶子都在树枝上成互生排列，其越冬芽通常有明显重叠的微小鳞片，而风媒传粉的雌雄花则分别生长在柔荑花序上，当然这些树也都有橡果。

熟悉松鼠的人——无论是真实的还是动画里的——都很容易认出橡果（又称橡子）。典型的橡果是固定在巢状壳斗里的卵形坚果。壳斗由许多通常很小的重叠鳞片组成。橡果是橡树所特有的。壳斗科（Fagaceae）其他成员的坚果有多种不同的结构。有些壳斗完全包裹着坚果——欧洲栗（*Castanea sativa*）和欧洲水青冈都具有这一特征，但欧洲栗的壳有着尖锐的刺，而欧洲水青冈则有短而软的刺毛。槲树结的果实相对较小，像刺猬一样的壳斗上面有着长而硬的鳞片。在坚果完全发育之前，壳斗几乎整个包裹住了坚果，看起来像一个微型的甜栗子壳。

人们常说橡果是橡树的果实，但实际上只有其中的坚果才是果实。在烹饪用语中，果实是我们可以考虑作为甜点的东西，比如苹果、甜瓜或覆盆子，但在植物学意义上，果实是花的成熟部分，里面包含着发育中的种子。严格来说，它是一个含有胚珠的子房，胚珠在受精后就会成为种子。在橡树中，通常只有一粒种子在子房中发育，而子房壁变硬形成坚果。橡果可食用，但需要进行一些加工以去除橡果内富含淀粉的种子中的天然单宁，否则种子会因太苦、太涩而不适口。

在人类引入大规模农业之前，许多狩猎采集者依靠储存的橡果为生，尤其是在贫瘠时期。近 2 000 年前，老普林尼就曾在他的《博物志》中提到橡子粉，现在，人们可以在欧洲和北美时髦的有机食品市场出售这种食物，甚至可以用其制作面包。在韩国，人们将槲树的种子粉碎、浸泡并反复冲洗，以去除水溶性单宁。然后将所得糊状物干燥，所得的淀粉经过沸水糊化，便可制成被称为dotori-muk的橡子果冻，或者不同版本的橡子面条汤。在韩国，这种面被称为dotori-guksu，而在日本则被称为donguri-men。橡子餐在韩国杂货店很容易买到，适合那些喜欢尝试的人。槲树橡子麦芽在韩国和日本也被用来给啤酒和威士忌调味。

单宁是一种存在于橡树（和许多其他植物）中的化合物，是自然界最有效的阻食物质之一。例如，单宁的浓度通常决定了毛虫取食树叶的数量，现在人们普遍认为，在植食性昆虫的取食压力下，橡树和其他树木可以加快合成组织中的单宁。另一方面，许多动物已经进化出耐受橡果中单宁的能力，松鼠和一些鸟类通常会在地下储藏大量橡果作为冬季储备。那些没有被吃掉但留在土壤中的橡果往往会发芽生长。

槲树原产于日本、韩国和中国，被列为白栎木之一。白栎木是最大的栽培栎树群，由大约150个物种组成，包括原产于欧洲、北非、北美、中美洲、墨西哥和东亚的落叶及常绿树种。白栎木的叶子往往有圆形的裂片，橡果总是在形成后的第一年内成熟。橡果的杯状壳斗大多由凹凸不平的加厚鳞片组成，鳞片通常嵌入由紧密排列的毛或细毛组成的基质中。大多数白栎木的叶子是革质的，呈暗蓝绿色或有光泽的深绿色，树皮大多为鳞状或薄纸质，很少有深深的皱纹，但槲树的树皮却呈粗糙的波纹状和软木状，随着年龄的增长，会形成深深的垂直皱纹。

槲树是一种分枝稀疏且粗壮的小型树木，常具有极大（一般长达1英尺）的深绿色叶片，这是槲树迄今为止最显著的特征。在日本，槲树幼叶的巨大尺寸、迷人的波浪状叶缘和柔韧性使其成为5月5日儿童节（Kodomo-no-hi）时制作传统槲树饼（kashiwa-mochi）的理想外包装。槲树叶的轮廓经常被描述为七弦琴形，叶基部狭窄，向叶尖逐渐加宽，边缘有波状的裂片或粗"齿"（其种加词dentata意为"齿"）。在幼树上，巨大的叶子看起来大得离谱，而常常覆盖在叶背面的软毛使其触感非同寻常。槲树叶在任何时候都是一种奇观。

像欧洲水青冈一样，包括槲树在内的落叶栎树因树叶枯而不落被人嫌弃——枯而不落是指树木在整个秋冬季节会保留部分枯萎的干燥叶片。与或多或少同步落叶不同的是，枯而不落的树木一般会在整个冬季周期性地落叶，并随着初春的嫩芽开始膨胀而最终全部凋落。对于那些负责清理花园落叶的人来说，这样的特征可能有点烦人，尤其是需要清理像槲树那么大的叶子。

有些人觉得树叶枯而不落的树木不吸引人，它们干燥的叶片在风中持续发出的柔软的嘎嘎声可能会有些刺耳。然而，一旦树木达到成熟树龄，长满橡果的枝条在冬季通常都没有叶片。

奇怪，好奇怪！

树木是大地写在天空上的诗歌。

——纪伯伦

有时，将一组植物联系起来的是它们无法统一的特征。本章中的每一种植物都有单独的故事要讲述。每种植物都属于生命之树上的不同分支，对于它们来说，"不寻常"或"意外"这两个词都同样适用。小叶金桩的叶子并不像外表看起来那样普通。类似地，叶枝杉的叶子不可食用，它们甚至都不是叶子；箭叶橙的叶子绝对是叶子（且可食用），但它们也会让你感到疑惑。杯毛杜鹃是一种真正的森林树木，除了长得特别高外，它还具有多种令人惊叹的属性。另一种亚洲森林物种罗汉柏，其蛇鳞般细密的叶层间隐藏着许多惊喜，特别是对于爱好调戏昆虫和翻动叶片的人而言。宏伟的灯台树没有太多的不同，只是它的枝条排列方式不走寻常路。说到另类，圆叶黄桦的叶片令人陶醉的特异之处与其稀有程度不相上下。

小叶金柞
Azara microphylla

　　温带地区的花园中很少有来自南美洲的树木。我们花园中的绝大多数观赏树木（枫树、栎树、椋树、桦树、槐树等）都来自亚洲、欧洲或北美东部。南美洲很少有栖息地既能在冬季提供寒冷的温度又能适合树木生长。只有在安第斯山脉和南美洲南端附近的巴塔哥尼亚，有些地区的气候可能与我们更熟悉的园林树木的生长环境相似。即使在这里，条件也并非一直理想，因此，南美洲的树木很少被栽培。但有一个值得注意的例外，许多读者可能已经对它十分了解；那就是智利南洋杉（见第203页），一种看起来有些不寻常的大型针叶树。

　　智利南洋杉的生长范围与金柞属（*Azara*）物种有一小部分的

重叠。金柞属有大约10个物种，都是迷人的常绿灌木和树木，但只有极少数物种为人所熟知，因为大多数物种都需要几乎无霜的生长条件。小叶金柞（在其自然生长的地区也被称为chin-chin）是最耐寒的。它高达8米，原产于智利中南部和阿根廷安第斯山脉的阴坡上。小叶金柞通常是一种多分枝的小乔木，具有深棕色的片状树皮，其圆形树冠致密且纹理细腻，树枝分层，紧密地生长在主茎上。每个侧枝都有一个几乎呈"人"字形的水平次生枝，很像常见的平枝栒子（*Cotoneaster horizontalis*）。在阴地植物中，叶片平铺而茎展开，形成特别宽的叶层。在整个生长过程中，纤细的嫩枝上布满伸向前方、指甲大小、光滑且深绿色的卵圆形小叶（种加词*microphylla*的意思是"小叶"）。每片叶子都有少许微小的边缘齿，大部分被下弯的波浪状边缘所掩盖，此外还具有凹陷的中脉，使叶子有一点反光。

也许令人惊讶的是，金柞属目前是杨柳科（Salicaceae）的成员。在此之前，金柞属仍被归入一个主要由热带植物组成的科（大风子科），其成员具有和柳树不同的由昆虫授粉的艳丽花朵，但该科现在已被并入杨柳科。将金柞与柳树和杨树归于同科，是因为它们具有相似的化学成分和一些共同（虽然不是很明显）的形态特征。水杨苷在传统上是从柳树皮中所提取的物质，众所周知，该物质可通过化学修饰生产阿司匹林（乙酰水杨酸）；金柞属植物也含有这种物质。马普切人是居住在巴塔哥尼亚西北部安第斯山脉的土著人，他们会利用小叶金柞的镇痛和抗炎作用，这可能与北半球原居民使用柳树皮的方式大致相同。

金柞与柳树的共同形态特征之一是叶子边缘具有柳型叶齿。杨柳科植物都具有这种特殊的叶齿，其特点是叶齿尖端有着小小的硬点。也许更有趣的是，齿尖会起到分泌腺的作用。人们已经从该科不同物种的柳型叶齿中鉴定出阻止昆虫取食的芳香树脂（如杨树）和可以吸引昆虫的高糖花蜜。

杨柳科植物更明显的共同特征是通常具有托叶。在柳树中，托叶往往以细小的条状绿叶成对出现在叶柄的基部，它着生在茎上——叶柄基部的锯齿状叶形突起可能是一个更常见的例子。托叶在植物界具有多种功能，包括为某些植物芽中未膨胀的叶子提供保护作用，例如巨叶木兰（见第219页）和北美鹅掌楸（见第23页）。许多植物（特别是豆科植物）的托叶会持续存在并变成小刺，也就是说变得锐利坚硬，这样它们就可以保护树枝和树叶免受食草动物的侵害。菝葜属（*Smilax*）的托叶则会变成卷须，使植物能够攀爬。在托叶的所有功能中，人们最了解的功能就是金柞属植物最擅长的光合功能。

在大多数植物中，托叶通常在叶子成熟之前脱落，但在金柞属植物中，托叶持续存在且呈叶状，其质地与真正的叶片一模一样。

一般来说，金柞属植物的托叶几乎是圆形的。仔细观察小叶金柞的茎，会发现一片朝前生长的圆形"大"叶，与之临近的还有一片一半大小的圆形托叶，在茎上向后倾斜。小叶金柞中这种托叶和真正叶片的组合效果着实独特且引人注目，但想要弄清楚这种微妙的模式，所需要的不仅仅是表面上的仔细观察。在植物界很少有这种现象的案例——托叶和真正的叶片具有同样的形式与功能。

在早春，通常是2月或3月，一簇簇直径不超过1毫米的金黄色小花从叶腋间的红色小芽中冒出。虽然这些花在视觉上微不足道，但对一些人来说，它们闻起来竟然像是香草或巧克力的味道，而且在成熟植株最幼嫩的枝条上大量生长，但这些花大多被有光泽的树叶所遮盖。大多数园丁种植小叶金柞主要是为了这些芬芳宜人的早春花朵，但事实上这种矮小的树持久存在的叶子更吸引人。金柞属是以曾在南美洲生活过的西班牙博物学家、地理学家和作家菲利克斯·德·阿扎拉（Felix de Azara，1742—1821）命名的，或者更可能是以他的兄长、未曾到过南美洲的西班牙外交官、艺术和科学赞助人何塞·尼可拉斯（José Nicholás，1730—1804）而命名的。

圆叶黄桦

Betula lenta subsp. uber

　　桦树属于桦木属（*Betula*），是我们最熟悉的温带树木之一，分布在北美、欧洲和亚洲的森林中，最常见于凉爽的山区。桦木属也是分布范围最靠北的落叶乔木之一，生长在环北极地区*，在某些地方可生长到林木线，或直到被常绿针叶树种所取代。它们以先锋树种而闻名，在经历自然或非自然的干扰后随之在某些地区定居——就像你在火山熔岩地上看到一棵桦树一样，在许多地区它们都会是你注意到的第一棵树，比如旧停车场或工业区等废弃的城市地带。它们带有翅膀的微小种子随风飘散，在寻找缺口

---

* 环北极地区是欧亚大陆和北美全北极植物界内的一个植物区系，由乔西亚斯·布劳恩·布兰奎特和阿尔曼·塔赫塔扬等植物地理学家划定。——译注

裂缝以生根发芽这一方面最有效率。

　　大多数桦树的叶子都或多或少呈卵形，相对而言不太引人注目，但有些桦树秋季的黄色也可与其他桦木科成员相匹敌，例如鹅耳枥属（*Carpinus*）和榛属（*Corylus*）。桦树也以其树皮而闻名，有几个物种的树干呈现出漂亮的白色，有时会从茎上剥落。其他物种的树皮颜色更黑，也许没有那么迷人，但它们的树干具有独特的狭窄水平皮孔（气体交换的场所）。

　　圆叶黄桦可能就是不太引人关注的物种之一，但它却拥有所有桦树中最有趣的叶子和最引人入胜的历史。这一物种最早于1914年在美国弗吉尼亚州斯迈斯县克雷西溪被发现。它最初被认为是该地区另一种原生黄桦的变种，因而被命名为 *Betula lenta* var. *uber*，直到1945年才被提升为独立种。如果一种植物被确定为科学上的新物种，或者当一种植物很值得进一步研究时，植物学家就会采集该物种的标本压制并干燥，然后贴在标准纸张上并标注采集者的姓名和关于采集地点的描述。用于科学研究的干燥标本被储存在温湿度可控的专门房间里，即植物标本室，而这些植物标本则被称为蜡叶标本。这种桦树的原始蜡叶标本具有细长的小枝，长着小而圆的叶片，叶有4～5条次脉、心形基部以及小而尖锐的锯齿状边缘。60多年的时间里，人们正是通过这份标本了解该物种，直到1974年才有人采集到另一份野生标本。这并不是因为缺乏尝试。为了再次发现并采集这种奇特的桦树，人们尝试了几次并且花费了60多年的时间，这一事实突显了即使在人口稠密并有文献记载的知名地区，也有新的发现等待着人们。

自1974年以来，人们已经对这一物种进行了充分研究，但它仅以较少的数量分布于克雷西溪沿岸，之所以罕见不仅是由于当地的农业压力，还因为植物本身的怪癖。圆叶黄桦不是一种遗传稳定的物种，而是黄桦（B. lenta）的变种，每100棵幼苗中只出现一次。这一结果直到21世纪初才被发现，而在此之前，这种植物的独特性及稀缺性推动了黄桦保护管理和研究协调委员会的成立；它也是美国《濒危物种法》保护的第一种树。据此采取的行动使得该物种数量有所增加，而随后又减少，但鉴于其变异概率，它似乎注定十分罕见。然而，通过长期的保护，目前这种少见的植物在欧洲和北美的温带植物园中已经比较常见。

除了独特的叶片形状，圆叶黄桦以其茎、芽和叶中存在大量水杨酸甲酯（冬青油）而闻名。当茎部受到摩擦或擦伤时，这种物质的存在会明显散发出强烈的气味，立刻让人联想到运动场的更衣室。它具有抗炎作用，是治疗性肌肉按摩膏、面霜、软膏以及牙膏和口香糖的常见成分。它也是桦树精油的主要成分，可用于芳香疗法。

水杨酸甲酯存在于所有桦树中，甚至大多数陆地植物中都

有一定水平的含量，由于在十几种桦树以及被称为冬青树的灌木
[实际上属于白珠属（*Gaultheria*）] 中也发现了大量的水杨酸甲酯，
因而又被称为冬青油。它衍生自水杨酸，有助于对抗侵染或疾病，
其在植物体内的水平通常会因响应逆境或伤害而升高。它是一种
挥发性化合物，以气体形式排放，有证据表明植物可能利用它的
排放向其他植物传递危险信号，甚至向同一株植物的其他部位传
递危险信号，从而提高抗病能力并激活对防御至关重要的基因。

　　如果你们不确定一棵树是不是桦树，那么气味也可以帮助识
别。虽然圆叶黄桦很有特色，但其他几个物种在形态上都十分相
似，只不过气味通常不那么刺鼻，知道在哪里摩擦可以帮助你正
确地识别圆叶黄桦。

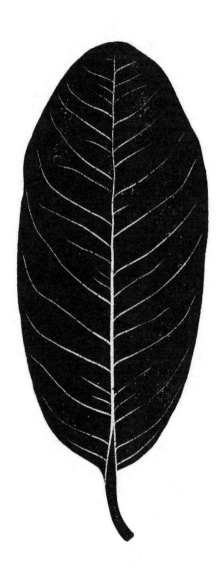

杯毛杜鹃

Rhododendron falconeri

  大多数业余园艺爱好者都能将杜鹃花从其他常见花园灌木的杂乱背景中区分出来。相比之下，谁能认出花丛中的锦带花或女贞？但即使是一株破败的杜鹃花也有着我们所能辨认出的独特外观：放射状、微微下垂的深绿色叶子和萝卜状的花蕾都聚集生长在树枝的顶端。

  杜鹃花能够成为人们熟悉的植物并不奇怪，因为杜鹃花属是栽培物种最丰富的植物类群之一。杜鹃花属（*Rhododendron*）有1 000多个物种，分布在北半球温带地区的山地到高山栖息地，尤其是整个亚洲山脉，甚至延伸到亚热带，南至澳大利亚北部。就杜鹃花的园艺杂交品种而言，其数量数不胜数。

在部分地区，主要是喜马拉雅山脉和中国西南部的山区，杜鹃花可以长成相当大的树木。杯毛杜鹃就是其中一种，其原产于生物多样性极高的喜马拉雅东部地区，包括印度、尼泊尔和不丹的部分地区。仰望杯毛杜鹃粗壮的树冠，人们不禁为之赞叹。这种雄伟的树木枝干粗壮，成熟的茎上覆盖着松散、粗糙的红棕色树皮，树皮剥落便露出光滑的浅色内皮。宽阔革质的长圆形叶片质地厚实，上面有着细小的褶皱。和其他杜鹃花一样，杯毛杜鹃的叶子在枝条顶端呈放射状簇生，但叶片背面都覆盖着一层类似麂皮的暖棕色茸毛。如果抬头观察成熟的植株，这一点会表现得更明显。在晚春，这些乳白色或黄色的巨大圆形花朵点缀在莲座叶上，散发出芳香。除了大小和数量之外，这些花值得注意之处还在于它们是杜鹃花中寿命最长的一种。

尽管栽培树木可能很引人注目，但与野生树木相比仍然微不足道。喜马拉雅山脉中仍然生长着有数百年历史的野生杯毛杜鹃森林。无论是在15米高的纯林中，还是在高度超过25米的独立区域中，尤其是黄色花朵缀满枝头时，这一物种也会获得所有目击者的敬畏。

杜鹃花的叶、茎和柄上持续存在的毛状覆盖物被称为毛被。几乎所有的新芽都有一定程度的毛被，但通常在叶片结束生长之前，叶片顶部的毛就会脱落。杯毛杜鹃的一些亚种以叶片正面长时间着生毛被而闻名。这些学名为 *R. falconeri* subsp. *eximium* 的植物确实非常精致。恰当地说，*eximium* 意味着"杰出的"或"选择"。但毛被出现在一些高海拔物种而不是其他物种上的原因有些神秘，因为这显然是有好处的。毫不奇怪，毛被就像皮毛大衣一样为春季出现的新叶提供了隔热材料。毛被还可以阻止食草动物进食（谁想吃一嘴毛？），如果毛被位于叶片的上表面，还能在夏季起到遮阴的作用。

尚不广为人知的是，杜鹃花叶片上毛被的存在或缺失及其特定类型是区分物种群体的重要特征。一些杜鹃属植物的毛被由直立的、单一不分叉的毛组成；其他植物的毛被则具有很短、很细的浓密毛状物，看起来根本不像茸毛，而像是涂漆面。杯毛杜鹃所属类群的特征是其毛被分叉且呈杯状，位于一层较短的茸毛基底之上。所有的叶毛在学术上都被称为毛状体。在杜鹃属植物中，它们可大可小，可厚可薄，可呈毛发状或分枝状（像分叉的末端）、扁平或鳞片状。随着杯毛杜鹃的叶片衰老，毛被中较长的红棕色茸毛脱落，下层较浅颜色的茸毛粘结在一起，在叶子上形成一层薄而完整的表皮。通常需要放大一些才能看到这些表层或单个叶毛的细节，但许多杜鹃花的毛被就像羊毛毡或丝绒，或像棉花糖一样有弹性，这些都很容易通过触摸来感受。腺毛是一种特殊的叶毛，呈球状且充满液体——这些液体大多是具有刺激性或有毒的化合物，同时带有宜人的芳香。腺体和腺体顶端的毛在杜鹃属植物中很常见，尤其是在花朵的雌蕊周围，与叶毛相比，它们的存在可以有效阻止花朵被取食。杯毛杜鹃花朵的每个子房都覆盖着腺体，但这些腺体在植物的其他部位均不存在。

最早正式描述杯毛杜鹃的欧洲人是约瑟夫·道尔顿·胡克，这位来自英国的探险家和植物学家也是查尔斯·达尔文的好朋友。胡克是第一位对分布在喜马拉雅山脉的杜鹃花进行分类的科学家，并于1849年完成了这项工作。胡克以苏格兰博物学家休·法尔康纳之名命名了这一物种，后者曾早于他几年研究了他探索过的同一地区的动植物和地质情况。从胡克至今，植物探险家们的记述都曾提到，在杯毛杜鹃和其他高大的喜马拉雅原生杜鹃花植株面前，人们都会为其壮美的景象感到卑微和渺小。

叶枝杉

Phyllocladus aspleniifolius

　　当你听到叶枝杉*这个名字时，你的脑海中出现了什么？对大多数人来说，这是一幅令人困惑的画面。从其英文俗名中的"松"（pine）开始，我们就需要注意"松"并不一定是指松树。在南半球由讲英语的人所殖民的地区，例如在发现这个物种的澳大利亚及塔斯马尼亚岛上，pine一词实际上是针叶树的同义词。当然，针叶树是不开花的、具有球果的木本植物，其小枝上通常有着针状叶或鳞片状的重叠小叶。叶枝杉属（*Phyllocladus*）物种确实是针叶树；但正如之前所说，并非所有的针叶树都是松树，而叶枝杉

---

*叶枝杉的英文俗名为celery-top pine，直译为"芹顶松"。——译注

就绝对不是松树。事实上，塔斯马尼亚岛没有真正的松树；松属的分布范围主要局限于北半球。

叶枝杉英文俗名中的"芹菜顶部"（celery-top）完全是描述性词语，相当准确地介绍了叶枝杉以及叶枝杉属其他物种的外观。叶枝杉的种加词aspleniifolius是指它的叶片与一些蕨类植物叶片出奇地相似，特别是铁角蕨属（Asplenium）。叶枝杉的叶片与小型的卵叶铁角蕨（A. ruta-muraria）尤其相似，但也可以认为旱芹（Apium gravelolens）的小叶在尺寸上与其更为匹配。虽然园丁可能会有很小的概率望文生义，在汤中加入"芹顶松"，但要强调的是叶枝杉属树木的所有部位都是有毒的。

叶枝杉的叶子并不是大多数人认为的那样。这种树宽阔、绿色、叶状的光合器官不是叶片，而是被称为叶状枝的扁平树枝（这也是属名的由来）。叶状枝虽然在针叶树中十分独特，但在一些开花植物中却广泛存在。例如，仙人指属（Schlumbergera）植物蟹爪兰的叶状分段茎是叶状枝，文竹（Asparagus setaceus）的精致"叶片"也是叶状枝。叶状枝曾经被认为仅仅是扁化的变态分枝，但现在被更准确地解释为叶和茎的中间态，同时展示出两者的特征。在大多数情况下，叶枝杉每个密集的嫩枝终止于扁平的分枝，这些分枝要么不规则地浅裂，要么进一步分成复杂结构，沿着中轴两侧互生出次生叶状枝。在每个嫩枝的基部，通常也沿着叶状枝的边缘，分散生长着真叶，但这些叶片已经退化为微小的残留鳞片。这些红色的鳞片就像刚长出来的嫩枝一样，但一般很快就会脱落，往往不会被注意到。幼苗在过渡到产生叶状枝之前，也具有明显正常的针状叶。第三种叶片是绿色的线状叶，生长在携带雄球果和雌球果的叶柄基部。

叶枝杉属共有5种植物，其所在的罗汉松科（Podocaraceae）是第二大的针叶树类群，且种类繁多。虽然不是严格意义上的南半球类群，但罗汉松科在赤道以北地区的分布要少得多——和真正的松树恰恰相反。同智利南洋杉一样，罗汉松在冈瓦纳大陆，即1.8亿年前开始分裂的南方超大陆完成了大部分早期的物种分化。这部分解释了为什么罗汉松的生物多样性中心位于南半球。罗汉松科植物的体型从微小的高山植物到亚热带雨林巨人不等。随着针叶树的发展，罗汉松科产生了最高水平的生物多样性，同时也产生了可以说是最有趣的球果。但准确地说，罗汉松的球果完全不像是球果。

包括针叶树在内的种子植物会长出带有花粉的雄蕊，而胚珠由花粉授精后就会产生种子。在针叶树中，胚珠总是着生在鳞片上，在更为常见的针叶树中则通常夹在一串紧密重叠或紧密贴合的鳞片之间，这些鳞片便形成我们在松树或柏树上可以见到的木质球果。在罗汉松中，珠鳞一般只有几分钟时间长在细小的柄上。

鳞片倒置，从而为胚珠提供保护层。胚珠受精后，鳞片就会膨大形成一层被称为肉质鳞被的种子覆盖层。肉质鳞被可能很薄，也可能为厚实革质，且大多是有颜色的。同时，珠鳞下面的一组苞鳞与柄融合并长成果鳞，这是一种往往颜色鲜艳的肉质结构。

就球果而言，叶枝杉比其他罗汉松科植物更进一步，它会产生一种带有甜味且富含油脂的白色假种皮，部分覆盖住种子。研究人员对于假种皮究竟是一种增大的变态表皮还是其他物质并没有一致的结论。假种皮和中心的黑绿色种子与下面的红色果鳞形成了鲜明的对比。总的来说，假种皮是吸引鸟类的工具，很多人都熟悉它是因为红豆杉属（*Taxus*）植物也具有包裹种子的肉质结构。由于这两个属植物都有假种皮，一些早期的研究人员认为红豆杉和叶枝杉有着亲缘关系，但实际并非如此。事实上，它们属于不同的科，其祖先种群早在2.5亿年前就已经发生分化。让我们回到"不寻常的结构"这一主题，叶枝杉在嫩枝的基部可以产生花粉和球果，但也经常沿着叶状枝的边缘散布，提醒我们这些扁平结构和茎叶一样多。

众所周知，叶枝杉属植物主要是热带山地和温带雨林树种，原产于新西兰、塔斯马尼亚和马来群岛，后者包括巴布亚新几内亚、婆罗洲和菲律宾。叶枝杉不是该属中最大的物种——这一荣誉属于该属的一个热带物种——但它是一种长寿的成材木，通常能长到20米以上的高度，几个世纪以来一直因其诱人的芳香木材而被砍伐。不幸的是，商业伐木或多或少受限于老龄植株的供应减少，对这种迷人的针叶树的生存处境来说，这并不是一个好兆头。

罗汉柏
Thujopsis dolabrata

　　有些树很显眼；巨大的树叶、庞大的身材、五颜六色的树皮或是树枝上挂满了慵懒的狐猴，都很容易引起我们的注意。这种炫耀超越了不露声色的罗汉柏对世界的展示。这并不是说罗汉柏（除了asuhi cypress，其常用名还有asunaro和hiba arborvitae）无趣或是令人不快；我们可能只是在以错误的方式看待它。

　　罗汉柏属（*Thujopsis*）是柏科（Cupressaceae）成员，而罗汉柏是日本特有的20种针叶树之一。在这些特有的针叶树中，有一小部分因其木材价值而闻名，并被用于寺庙建设，其中最具价值的当属日本扁柏（*Chamaecyparis obtusa*）。罗汉柏同样被视为优良的建筑木材。这种芳香的黄色木材既易加工又十分坚固，因其具有相当强的耐腐性能，甚至可以在水下使用，但它在日本工匠眼中尚未完全达到标准。事实上，罗汉柏在日语中的名字asunaro是asu wa hinoki ni narou的缩写，这其实是"让我们明天成为日本扁柏"的委婉说法。

罗汉柏的形态与其他适阴性的柏树相似，树冠呈密集的圆锥形，高达二三十米，宽大的枝干通常生长数十年直到垂至地面。罗汉柏的枝条往往呈明显的弧形，先下降后上升，粗糙而厚重的叶子沿着枝条的主要部分下垂，然后向顶端变窄。与其他柏树一样，罗汉柏树皮呈深栗色、纤维状，有垂直的皱纹。较低处的枝条通常在森林地面的半腐层中压条，并逐渐在主茎周围形成多个直立的枝条。这样的树木看起来像是风景中的孤岛。罗汉柏是该属唯一一个物种，但它的叶子与其他许多柏科亲缘物种有着惊人的相似之处，包括扁柏属（*Chamaecyparis*）植物，而它和崖柏属（*Thuja*）植物尤其相似。罗汉柏的属名*Thujopsis*意思就是"像崖柏"。

柏科植物很容易通过其木材和碎叶的特有香气来识别，人们也在罗汉柏中鉴定到多种芳香化合物。与其他物种一样，这些挥发性化合物具有抑制取食和抗真菌的特性，但它们也能散发出美妙的气味。在日本，从罗汉柏木材中提取的精油以其甜美并略带烟熏的香味而备受青睐。这种精油因其能让人放松的特性而被用于芳香疗法，同时也是一种驱虫剂，就连罗汉柏木屑也能威慑毛虫。值得注意的是，将木屑洒在另一种日本针叶树黑松（*Pinus thunbergii*）的根部时，木屑对杀灭破坏性的日本鞘瘿蚊（*Thecodiplosis japonensis*）幼虫有效。这其中起作用的化合物是香芹酚，也被称为牛至油。香芹酚存在于一系列植物中（毫不奇怪其中包括牛至），并以其抗真菌、抗菌和驱虫特性而闻名。

与其他大多数柏科亲缘物种一样，罗汉柏的同一棵植株上同时具有雄性和雌性生殖结构。罗汉柏短暂存在的小型深棕色雄球花和更结实的蜡蓝色球果都各自生长在外侧小枝的侧向短枝顶端。柏科植物很容易根据其生殖结构来进行区分——罗汉柏的生殖结构就很独特——但仔细观察树叶，我们也能发现一些明显的差异。

大多数柏树都具有重叠、扁平的鳞片状叶片，绿色鳞片的长度很少超过几毫米。它们完全覆盖了嫩枝顶端，嫩枝要么像真正的柏树那样呈放射状叶序排列，要么组成大型的、扁平蕨叶状或扇形的簇，称为小枝。扁平的小枝是对荫蔽环境的适应，常见于生活在森林中的柏树。虽然由数百片单独的鳞片组成，但小枝基本上呈叶状，能够与相同大小的相连叶片提供几乎相等的光合表面。尽管叶子长期存在，但由于鳞片紧密重叠，所以当它们最终开始分解时也无法单独脱落。同样，像其他柏树一样，罗汉柏的整个小枝都会脱落，这一过程被称为落枝。

罗汉柏幼苗的早期生长与成年植物的鳞片状扁平生长有明显不同。幼苗的叶片呈螺旋状排列，通常狭窄，有点弯曲和尖锐，从茎中伸出。这些叶片相对较早地被扁平的成熟叶所取代，这种叶异型现象，即幼叶和成熟叶具有不同的叶形和叶序，在大多数柏树中都有很好的体现。

　　罗汉柏老枝上的鳞片则沿着茎对生，每一对连续的鳞片都与其下方的鳞片呈直角生长。这种排成四列的叶序被称为交互对生，在整个植物界都很常见，因为这是一种通过防止自遮阴使叶片面积最大化的有效方法。着生在小枝宽阔正面上的对生叶呈扁平状，而沿着侧面生长的对生叶则围绕着嫩枝折叠，轮廓上呈斧形（种加词 *dolabra* 意为"斧形"）。无论它们的位置如何，每对叶都与下面的一对重叠，创造出了沿着茎交替生长而仅被单个分枝打断的规则几何体。仔细观察这些植物的小枝，就会发现相同的模式。

　　罗汉柏的枝条比崖柏属植物张开得更宽广、更坚硬，但结构上的差异通常只有在近距离观察时才比较明显。与其他具有扁平小枝的柏树相比，罗汉柏的侧叶大约有3倍大，而且更为开展，其顶端与茎明显分开。无论生长在正面还是侧面的所有鳞片都同样大。这两种类型的鳞片在小枝的上侧明显较厚且呈脊状，有深绿色的光泽和微小的凸起。鳞片状叶子的大小和质地有点像爬行动物，实际上罗汉柏的另一个俗名就是"蜥蜴树"（lizard tree）。

叶片的交互对生特性在小枝上很明显，但在任何充满活力的直立枝上更为典型。这些直立枝有铅笔般粗，包裹着木栓状的棕色树皮，而尖尖向上的对称叶片规则排列在上面。也许这棵树最突出的特征是最不明显的。将小枝翻过来，就能在侧叶的凹陷处发现较宽的白色蜡状条带，而在正面叶片的沟纹处也能发现蜡状条纹。这些蜡质沉积物不仅与鳞片的深绿色形成鲜明的对比，而且放大并展现了隐藏在众目睽睽之下、令人意想不到的叶片几何之美。

灯台树

Cornus controversa

　　山茱萸是北温带地区的常见植物，多见于潮湿的土壤中，其通常艳丽的花朵和简单对生的落叶很容易被人识别。山茱萸属（*Cornus*）由大约60种树木、灌木和亚灌木组成，属于山茱萸科（Cornaceae）。该科在温带地区分布广泛，主要生长在北美和欧亚大陆，而在中国具有最高的物种多样性。山茱萸的学名和英文俗名都与词源有关：*Cornus*来自拉丁语*cornu*（即horn，意为"硬的，像动物的角"），而dogwood则来自古英语dagge和wood（dag指硬挂钩或烤肉叉）。

　　这种硬木的密度非常大，所以在水中不会浮起来。尤其是在工业革命之前，这种木材被广泛用于制作工具手柄、栓钉、线轴和武器（主要是矛和弓），如今山茱萸则备受各种可旋转物体的青睐，同时由于其密度和卓越的抗冲击性，也被用于制作高尔夫球杆头、纺织梭子和槌头。

灯台树传播广泛，它高达20米，原产于日本、中国、中南半岛等地区。这种高大的落叶树种具有其他山茱萸很少具有的分层分枝习性。它拥有光滑、朴实无华的灰色树皮。新芽略带紫色或紫绿色，在被黄灰色的树皮遮蔽之前，芽转为绿色，且带有明显的圆形皮孔和半圆形叶痕。在山茱萸属植物中，只有太平洋山茱萸（*C. nuttalli*）更高些，但灯台树的分枝范围通常极开展，可达15米或更宽，使其成为所有高大树种中树冠最宽的一种，因此俗称灯台树和巨茱萸。

山茱萸属植物的叶片都惊人地相似；仅凭树叶来区分这些物种往往非常困难。许多物种的叶片大小类似，大致呈卵圆形，底部圆形而顶端有尖，叶片边缘无齿，通常呈波状，即边缘为波浪形，中断了叶片的正常平面。山茱萸属植物的叶子也有一种独特的叶脉结构，其侧脉都向叶尖弯曲。主中脉和弓状侧脉总是上下突出。令人难以置信的是，这些特征贯穿了该属所有物种，从矮小的草本植物草茱萸、灌木红瑞木到乔木山茱萸均是如此。有一个有趣的技巧和可靠的识别特征可以在所有山茱萸属的叶片上尝试——一片被小心从中间撕开的叶子将通过微小的弹性丝保持连接。灯台树的叶子看起来和许多物种的叶子相似，但颜色要比其他大多数山茱萸属植物更为鲜艳，在秋天呈现出红色、橙色，甚至还有紫色。它们被用于民间医学，并因止痛消肿的疗效而闻名，但人们对其化学成分研究甚少。

像大多数植物一样，各种山茱萸是根据它们的花朵和果实来区分的，从这个角度来看，主要的山茱萸类群（如果不是物种）通常更容易区分。山茱萸的花很小，直径一般不到5毫米，但有两种基本的花序类型。这些小花要么聚集在一起，形成纽扣状的头状花序，并被一组艳丽的白色苞片所包围——这种是最为常见的树木山茱萸；要么单独形成有些扁平状的花序。柔枝红瑞木是湿地边缘的常见植物，其茎通常颜色鲜艳，白色花朵呈扁平簇状。灯台树最接近这一类群，这使得它有点与众不同，至少与人们更为熟悉的栽培树木四照花不大一样。总的来说，这些花有相当大的魅力，尤其是从上方看的时候。

灯台树的另一个显著特征是它们互生的芽。这是其学名 *C. controves* 的由来。当灯台树被首次命名时，其不符合典型对生叶序的特征显然存在争议。如果不是外观极为相似的互叶梾木（*C. alternifolia*）也具有互生叶序，那么灯台树必将是该属中独一无二的存在。

除了叶序之外，灯台树（table dogwood）和互叶梾木（pagoda

dogwood，又称宝塔山茱萸）都有着独特的分层习性，这正是它们英文俗名的由来。这两种植物都有扁平簇状的白色花朵，以及富含油脂的蓝黑色小型浆果，这些浆果在秋天很快就会被四处觅食的鸟类吃掉。由于人们认为二者在大约5 500万年前北美大陆和欧亚大陆板块尚未解体的某个时段拥有共同祖先，所以这两个物种被视为替代种（姊妹种）。毫不奇怪，两个物种在这段时间内发生了一些变化。特别是，灯台树是大型乔木，而互叶梾木则通常是细枝灌木。灯台树对被称为黄萎病的土壤传播疾病表现出更强的抵抗力（它是西方花园中的一种常见疾病）。两个物种的叶片虽然在表面上相似，但也有明显的区别。就像北美鹅掌楸与鹅掌楸（另一对替代种）一样，亚洲的灯台树和鹅掌楸的叶片背面有乳头状突起，形成一种极其微小的球形突起结构。而它们的美国姊妹种则没有这些特征（见北美鹅掌楸，第23页）。

最后，值得注意的是，灯台树在园艺上最受欢迎的表现形式——至少在西方如此——是一种杂色叶片的品种。虽然野生物种具有很高的观赏性，但在花园中很少见到。相反，银雪灯台树（俗称婚礼蛋糕树，*C. controversa* 'Variegata'）则是园艺首选。它的叶片比正常叶片略小，且具有奶油色的边缘，该品种的生长速度也比野生物种慢些。成熟树木的紫色枝条会稀疏排列生长，形成水平分层，大量散布着乳白色的叶子。如此怡人的糖果般的树木受到了园艺爱好者们的无限追捧。

　　叶杂色性是一种由植物病毒或植原体（一种细菌寄生虫）感染引起的常见现象。无论哪种方式，感染都会减少叶片中叶绿体的含量。光合作用潜力因而降低，但绿色以外的颜色——主要是白色和黄色，也有红色——便可以涌现出来。特别是叶片边缘和尖端的持续畸形是植物感染病毒或植原体的可靠迹象，而这些叶片的杂色程度也会有所不同。基因突变是导致杂色的另一个常见原因，但它们很少伴随着相应的扭曲叶片。银雪灯台树就是前者的经典案例；在该品种的植株中，所有叶片的形状都很奇怪，而且都有不同程度的白化现象。如果这种颜色还不够绚丽，那么到了秋天，在阳光充足的条件下，红色和泡泡糖粉色的色调就会融入其中。看到这样的树，即使是坚定的野生植物造景师也会有所动摇。

箭叶橙
Citrus hystrix

　　超市是研究植物的好地方。除了季节性的切花品种和不断增加的室内栽培植物，新鲜的农产品也为我们提供了丰富的种类，让我们更加熟悉植物家族。苹果（*Malus*）和梨（*Pyrus*）属于蔷薇科（Rosaceae）；欧防风（*Pastinaca*）和芹菜（*Apium*）是伞形科（Apiaceae）的成员；菊苣（*Cichorium*）和莴苣（*Lactuca*）属于菊科（Asteraceae）；花椰菜和西兰花［都是芸薹属（*Brassica*）］属于十字花科（Brassicaceae）；而菠菜（*Spinacia*）和甜菜（*Beta*）属于苋科（Amaranthaceae）。我们熟悉的柑橘类水果，柠檬、酸橙和橙子，它们都来自芸香科（Rutaceae）柑橘属（*Citrus*）。

　　除了柑橘类水果，最受欢迎的柑橘类产品之一就是箭叶橙的叶子。箭叶橙是一种原产于中国和东南亚部分热带地区的小型树种，并被广泛引入其他热带地区。它通常以"泰国柠檬"的商品名出售，英文则称为kaffir lime，源于阿拉伯语*kafir*，翻译为"非穆斯林"，被阿拉伯水手用来指代非洲土著人民。这个词先后被葡萄牙以及荷兰和英国殖民者采用，特别是在南非用得最多。尽管自19世纪以来，这一直被视为种族歧视的一种表现，在20世纪70年代的南非使用该词甚至会被视为刑事犯罪，但它在北半球仍然被广泛使用。在泰国及其他地区，箭叶橙则叫作makrut lime，或简称为makrut。

在东南亚，尤其是泰国，箭叶橙的叶片是极受欢迎的调味品。新鲜的箭叶橙叶片有着强烈的芳香，闻起来有柠檬、酸橙和蜜橘的混合味道，可以撕成碎片或切碎用作香料和助消化剂。叶片同时富含精油，还具有抗菌、抗氧化和抗微生物的特性。它们在传统医学中被广泛用于治疗头痛、流感和发烧等疾病，而在牙齿和牙龈上摩擦新鲜叶片则被认为对牙齿健康有益。

在叶片中发现的主要化合物香茅醛对叶片的疗效有着重要影响，而香茅醛也是人们熟悉的柑橘气味的来源。当箭叶橙和其他柑橘类植物的叶片被碾碎时，这种气味就非常明显。然而，柑橘属叶片并不是香茅油的主要来源，香茅油来源于禾本科（Poaceae）植物香茅（*Cymbopogon*）。香茅醛也不同程度地存在于许多其他植物中，包括来自澳大利亚的桃金娘科成员，例如因此而得名的柠檬鱼柳梅（*Leptospermum petersonii*）和柠檬桉（*Eucalyptus citriodora*）。

和桉树一样，箭叶橙的精油来自遍布其叶片的分泌腺。事实上，这是芸香科大多数物种的特征，但在柑橘属中尤为突出。有些物种的整个叶片上都有腺体，而另一些物种的腺体分布则局限于叶缘。拿一片箭叶橙叶片放在阳光下，你就会看到成百上千的腺体，整个叶片表面都是半透明的小点。

观察一片箭叶橙叶片，我们很快就会注意到它有着不同寻常的形状。叶片远端（上部）的小叶似乎与其下方的次生小叶相连。这种奇特的特征只是芸香科植物中存在的各种叶片形式之一。一些物种的叶片具有三小叶［例如枳（*Citrus trifoliata*）］，而其他物种则具有掌状复叶，最多有五个小叶［例如香肉果属（*Casimiroa*）］。在某些情况下，叶子是羽状复叶，如椿叶花椒（见第197页），甚至是二回羽状复叶（有两套小叶），如芸香属（*Ruta*）植物（芸香科就是以此命名的）。人们已知柑橘属是复叶祖先的后代。因此，单叶的柑橘属叶片是叶片数量减少的结果，即叶片具一个小叶；也就是说，是由一片小叶组成的复叶，又称单身复叶。微小的连接处或关节可以表明小叶与叶柄末端连接的位置。柑橘属植物的叶柄一般在叶柄两侧具有翼状结构。毫不奇怪，它们作为翅膀在箭叶橙中特别明显，叶柄呈扩张的叶状，有时甚至与它们所连接的叶片一样大。

同样值得注意的是，大多数栽培柑橘属植物的叶子通常是对折的，即纵向折叠。这是许多树木在过热的情况下，通过限制蒸腾作用而减少水分损失的一种机制。因此，柑橘属植物的叶子在背阴处往往比较平坦，但在阳光充足的情况下会急剧折叠。树冠外部与内部之间的叶片夹角差异由此可以被标记出来。

柑橘并不是唯一一种拥有翼叶的植物。这种特征也见于紫葳科（Bignoniaceae）成员，但不包括梓属植物（见第287页）。

柑橘属植物的叶片形态多变，有时令人好奇，这是该属植物倾向于突变的结果，但这种结果在它们所产的各种水果中更容易观察到。虽然箭叶橙本身就是一个独立的物种，但其他几种栽培柑橘有着更为复杂的历史。如今广泛种植的这些植物可能来自少数的祖先物种，正是这些物种产生了许多古代和现代的选育品种及杂交种。在某些情况下，就像栽培柠檬一样，其来源几乎无法追踪。另一方面，像葡萄柚之类的水果只有300年左右的历史，正是人类偶然发现的杂交种。选育新奇的柑橘类水果确实是一件很常见的事，超市的货架也反映了这一点。柑橘树本身的数量也越来越多，在温室里以及几乎没有霜冻地区的室外也并不罕见。柑橘树树叶和水果的价值使其成为全世界厨房园艺师的热门选择。

坚不可摧的防御

在自然状态下，植物总是相互争斗，争夺土壤的垄断权，强者驱逐弱者，旺盛者过度生长并杀死脆弱者。气候的每一次改变，土壤的每一次扰动，对一个地区现有植被的每一种干扰，都会以牺牲其他物种为代价而偏袒某些物种。

——约瑟夫·道尔顿·胡克

人们常常对植物利用进化以保护自己的程度而感到惊讶。但人们只需要反思自己的贪婪，就可以理解防御的进化压力。如果我们可以食用或使用某种植物，那么植物的叶子就会被剥掉。在既定的文化中，人们很快就学会有节制的收割，但动物却没有这种内疚。当智利南洋杉在2亿年前首次出现时，当时的主要食草动物还是庞大的三叠纪恐龙。如果它们的叶子不像旧靴子那般坚韧，那么这种树很有可能无法存活至今。漆树也不是什么好惹的植物，但不是因为它有防卫器官；它的防御完全是内部机制。从地质学的角度来说，亚龙木和椿叶花椒就像漆树一样，是最近才被引入的植物，不过椿叶花椒的叶子对食草动物的吸引力也不小。它们的保护策略相对有些传统，却仍然有效。很有意思的是，在开花植物（如澳大利亚的金皮树）中，生存压力会迫使叶片演化出令人生畏的防御手段。让我们来看看吧！

高大火麻树

Dendrocnide excelsa

澳大利亚是世界上最危险的动物的家园。蛇、蜘蛛和蜗牛只是澳大利亚本土的一部分剧毒动物，更不用说可怕的鳄鱼了；即使是对待在春天俯冲的雄性喜鹊也不应掉以轻心。与此同时，澳大利亚也是地球上一些最危险植物的家园，其中最可怕的莫过于火麻树属（*Dendrocnide*）植物，即所谓的"刺树"（其英文俗名 stinging trees 完全可以直译）。澳大利亚东部的亚热带和热带地区分布着6种火麻树属物种，它们能引发疼痛的强大特性与那些带有毒液的动物相当，甚至更加严重。

火麻树属植物属于荨麻科（Urticaceae）；该科植物几乎遍布全球，除树木、灌木外也含有多种草本植物，包括常见的异株荨麻

（*Urtica dioica*）。荨麻作为滋补品的用途和它的刺一样广为人知，但它在历史上的用途——诱发炎症从而治疗关节炎——充其量有些可疑。

火麻树属共有37个物种，分布于东南亚、印度、太平洋岛屿和澳大利亚的部分地区。该属既有灌木，也有乔木，而高大火麻树则是澳大利亚特有的一种高40多米的大树。除了高大火麻树这个形象的称呼外，它也被称为澳大利亚荨麻树或纤维木。它宽大的叶子呈心形，边缘有齿。叶、茎和果实上覆盖着被称为毛状体的短毛状结构；这些是火麻树属植物得名"刺树"的毒刺来源。事实上，荨麻科的所有成员都有刺。

虽然普通的火麻树属植物的刺不是特别有效，但高大火麻树的刺的确是个严重的问题。尽管这些毛状体看起来很柔软，吸引人去触摸，但事实上它们并非如此。带来的轻微刺痛会持续一个小时左右，严重的刺痛则会持续数月。当被二氧化硅强化过的毛状体尖端脱落并穿透皮肤时，便会出现刺痛，就像是微型的皮下注射针带来的感觉。毛状体注射的毒素会引起严重的过敏反应，包括剧烈的灼热感、肿胀甚至是衰弱性的疼痛，就连吗啡也不能有效缓解。那些在高大火麻树存在的森林中工作的人通常会携带结实耐用的手套、口罩和抗组胺药，但还是无法保证应对最坏的情况。

要是这种高大火麻树造成的刺痛还不够严重，那么澳大利亚

连香树树叶会焕发出柔和的温暖色彩

糖槭树叶能呈现出
丰富的色调

秋天，欧洲水青冈的叶子会变成金色和黄褐色

幼年的矛木叶片锋利
坚硬且向下倾斜

富有光泽、厚且坚韧的欧洲枸骨叶片通常有波浪状的边缘

白檫木树叶的裂片为掌状

霸王棕的扇形叶片着生在单体树干上，形成对称的球形树冠

露兜树非常适应海滩的生存环境

槲树的树叶会在秋冬季节枯而不落

叶枝杉的白色假种皮、
黑绿色种子与红色果鳞
形成了鲜明的对比

智利南洋杉的叶序格外引人注目

罗汉柏交互对生的叶
片展现出令人意想不
到的几何之美

郁郁葱葱的软树蕨森林让人联想起史前景象

亚龙木的叶片接近垂直
排列

位于美国犹他州的庞大颤杨群落

香松豆具有非常独特
的蝴蝶形叶片

东部的金皮树（*D. moroides*）——以其土著语名称gympie gympie
而闻名——引发的刺痛更为严重。最轻微的触碰就会导致难以忍
受的疼痛，而严重的刺痛会造成腋下淋巴结严重肿胀和阵痛，且
可持续数小时。在没有足够保护的情况下，如果仅仅与植株近距
离接触超过20分钟，金皮树还会导致打喷嚏、流鼻血和严重的呼
吸道损伤。据了解，金皮树的毒刺受害者需要到医院就诊并接受
重症监护。"自杀植物"是其众多俗名中的一个，因为有些人无法
忍受接触金皮树所带来的痛苦而选择结束生命。

　　火麻树属植物的毒刺引起疼痛的机制尚不清楚，但最近，研
究人员从高大火麻树和金皮树中都分离出了一组此前从未鉴定过
的神经毒素。这些化合物被命名为金皮肽（gympietide），并被视
为火麻树属植物会造成长期疼痛的根本原因。作为趋同进化的出
色案例，金皮肽的化学结构与蜘蛛毒液和蝎子中的毒素十分类似。
同样令人难以置信的是，火麻树属植物叶片的毒性可以保持数十
年。即使是100年前的干燥植物标本也会引起刺痛。

　　对于火麻树属毒刺的推荐治疗方法通常是在伤口上涂抹稀释
的盐酸，使毛状体的保护性覆盖物失效，然后再使用脱毛条去除
毛状体。理论上，这将在几个小时内带来缓解。如果不去除毛状
体，这些刺毛会在皮肤中停留六个月，无论何时被触摸或被水刺
激都将引起疼痛。然而，有人认为，火麻树属毒刺引起的长期疼

痛可能不是因为毛状体卡在皮肤中，而是注射的金皮肽在体内产生疼痛信号并抑制了身体阻止信号机制运作的结果。从积极的角度来看，这一新发现可能有助于我们理解如何更好地治疗刺痛，并为新型止痛药的开发提供信息。

　　尽管火麻树属植物对人类有毒，但其树叶仍然被许多昆虫、鸟类和有袋类动物食用，其中包括很像沙袋鼠的沼林袋鼠。火麻树属果实在去掉毛状体后也被认为是可以食用的，但这种制备过程似乎是一种高风险的活动，可以说并不值得费力，尤其是这些果实没有什么味道。也有传闻证据表明，一些火麻树属植物根本不会刺人，但谁会想去验证呢？

漆树

Toxicodendron vernicifluum

　　漆树在远东地区非常知名。这是一种漂亮的落叶树，比例适中地分布在中国大部分地区、韩国和日本。由于漆树在这些地区已经经历了几千年的栽培历史，所以我们可能永远都不知道它的真正起源。漆树的羽状复叶和结实的细枝让人联想到胡桃，但漆树的树冠具有更多的分枝，更多的叶片密集地聚集在树枝顶端。叶片在生长阶段呈黄绿色，具有柔软的毛。每个叶柄都以尖角状僵硬地向上着生，其下垂的尖端随着叶柄的延伸而逐渐变直，并在成熟后趋向更水平的形态。在生长时，小叶明显呈波纹状，中脉两侧有许多条带刻痕的叶脉。这些皱褶逐渐伸展，小叶变得出奇地轻薄光滑，但通常在其下表面保留了一层茸毛。

与其他长着羽状叶的温带树木相比，漆树看起来特别茂盛，其单个小叶大多着生均匀且间隔紧密。漆树夏天开花，树木可以是严格的雄性或雌性，也可以是杂性（由雄花和雌花组成）。这些花虽然很小，却形成了丰满的黄绿色圆锥花序，它们以松散的金字塔状短暂地矗立在茂盛的叶丛中，并随着衰老而下垂。当豌豆大小的黄色核果成熟时，圆锥花序便会完全垂下。到了秋天，漆树的叶片颜色多变，有些树会短暂地闪耀出橙色或红色，但大多数小叶在掉落之前只会褪色为淡黄绿色。

尽管漆树很有吸引力，但它作为观赏植物的知名度远不如本身所带来的文化意义那么深远，正是漆树所具有的文化内核让这个物种名声大噪。在中国、韩国和日本，漆树中的乳汁是漆的传统来源，可用于给木屏风、托盘、桌子和箱盒作涂层。已知最早使用漆的时间可以追溯到近9 000年前，但漆器目前仍在东南亚各地生产。漆的多种应用为各种装饰或镶嵌提供了可操作的表面，使其具有光滑、坚硬、高光泽、防水的涂层。东方漆器作品往往价值不菲，这不仅是因为其精美的饰面，还因为漆面本身的昂贵使得它只配得上最有价值的艺术品。割取漆树以获得乳汁是一个缓慢而艰苦的过程，而且也有潜在的危险。

漆树属是漆树科（Anacardiaceae）的成员，漆树科则以食用植物（包括腰果、开心果和杧果）和有趣但通常有害的化学物质而闻名。一些常见的观赏性漆树科植物，如黄栌（*Cotinus coggygria*）和火炬树（*Rhus typhina*）具有腐蚀性汁液，许多已被用于民间医药。例如，腰果的一种罕见的墨西哥亲缘植物乳椿（*Amphipterygium adstringens*）的树皮可以制成治疗胃病的茶。另一个例子则是肖乳香（*Schinus molle*，俗称秘鲁胡椒木），它是一种分布在全球亚热带地区的有毒杂木，也是粉红胡椒的来源，目前人们正在研究其杀虫特性。

漆树属的属名*Toxicodendron*意为"毒树"，因此这些物种会带来严重的风险也就不足为奇了。漆树属物种最初被归类于盐肤木属（*Rhus*），但随后被单独分类，这主要是因为它们可以产生漆酚，接触这种油性化合物的人有约四分之三都会出现严重的接触性皮炎。出于同样的原因，大多数北美洲人都很熟悉并会极力避开毒漆藤（*T. radicans*）。漆树的所有部位都同样含有漆酚——恰当地说，*vernicifluum*这一种加词的意思就是"与清漆一起流动"。

那么，如此有害的分泌物是如何产生这般精细且实用的化合物的呢？在漆树的原生地东南亚地区，较高的湿度和温度为含漆酚的油性乳汁转变成高质量的漆提供了理想的条件。如果采集漆的人能够有幸避免接触有毒的乳汁，那么他们便躲过一劫，不然哪怕是接触到漆树的树皮、茎或叶也会引起严重的过敏反应。漆酚可通过持久维持在物体表面以及被皮肤快速吸收的能力而暗中为害。这就是漆树曾经在植物收藏中很常见，并因其美丽和实用性而闻名，现在却很少种植的原因。

亚龙木
Alluaudia procera

在争夺地球上最奇怪的树的比赛中，亚龙木绝对有获胜的希望。该物种是亚龙木属最大且最像树的植物，属于同样怪异的刺戟木科（Didiereaceae）。多年来，植物学家一直不确定应该将这些马达加斯加多刺森林生态区所特有的多刺旱生灌木和树木归为何处。

亚龙木一生的开端非常不像一棵树。它通常会在地面附近形成一丛缠绕的树枝，积累能量，直到植株最终能够产生足够粗的茎来使其保持直立。这些健壮的茎最终长出类似上升但蜿蜒的粗壮枝条。它确实是树，但看起来却像是苏斯博士的作品＊。

＊ 苏斯博士（Dr. Seuss），20世纪最受欢迎的儿童文学作家和插图画家之一，其画风天马行空，深受儿童喜爱。——译注

马达加斯加南部全年炎热，旱季漫长，冬季降水稀少，多刺森林生态区的土壤也并不特别肥沃。尽管存在这些生态困境，该地区的物种特有性却极高，且因其独特的生物多样性而名声大噪。像这样在沙漠气候中生长的植物通常通过在肉质组织中储存水分或者脱落叶子休眠直到水分恢复来维持生存。亚龙木属植物同时采用了这两种适应方式，以在这些艰难的条件下生存。亚龙木具有肉质茎和会掉落的肉质叶——这些特点与许多其他多刺植物一样，包括俗名和它一样都是ocotillo、产于北美西南部的植物福桂树（*Fouquieria splinens*）。虽然这两种植物看起来很相似，但它们只是远亲物种，其相似性不过是趋同进化的巧合。趋同进化指的是在某种环境中具有相似适应性的特征（如允许悬停的翅膀、便于游泳的鳍或防止捕食的带刺茎），并在类似的环境中发生了独立进化。这种现象比我们想象中的更为普遍——想想蜂鸟和天蛾（可以在空中悬停的鸟和昆虫），或者鲨鱼和海豚（有鳍的鱼和有鳍的哺乳动物）。开花时，亚龙木和福桂树便很容易区分开来。福桂树长有需要蜂鸟授粉的红色艳丽花朵，而亚龙木绒球般松散的簇状花朵则长在树枝的顶端。

亚龙木的茎和叶都是肉质的。像其他肉质植物一样，它们拥有与非肉质植物不同的特殊生理学。在光合作用中，二氧化碳通过开放的气孔（进行气体交换的孔）被吸收。同时，叶子内部的水分会流失到大气中。正是叶片内部以及外部通过茎和叶片流失的水分之间的差异，形成了植物从根部汲取水分的驱动力。这就是蒸腾流，而植物的水分损失则被称为蒸腾。在沙漠气候中，大气湿度和叶片内部湿度之间可能存在巨大的差异。因此，在炎热的日子里打开气孔或许是一种严重的负担，尤其是在缺水的情况下。为了抵消这种损失，肉质植物采用了景天酸代谢途径，这使得光合作用可以在夜间进行（见双子铁，第15页）。

亚龙木采用的一种有助于保持叶片凉爽的适应方式是叶片呈现出垂直或接近垂直的排列形式，这样太阳光线的全部能量就不会被叶片宽阔的表面所截取，而是被其边缘阻挡。一个不太明显的适应特征是亚龙木叶片的形状接近圆形，尺寸较小，且缺少叶柄。这些特征创造了近乎最佳的辐射表面；也就是说，这种表面可以有效地散热而不是积聚热量。最好的散热器的特点是表面积相对较小，而边缘相对较大（想想汽车散热片的长度）。但请注意，汽车散热器是依靠高风速进行冷却的。而对于叶子来说，越小越圆，边缘与表面积的比例越大。更重要的是，叶片越小，吹走热量所需的气流就越少。因此，亚龙木显然非常适应它的生长环境；但我们却忽略了一个常见于各地植物的重要问题，那就是：谁在把亚龙木的树叶当午餐？

像其他沙漠植物的防卫器官一样，亚龙木的刺为茎提供了些许的遮阴——如果植物有刺的话，这些刺也为叶提供了遮阴——但重要的是，刺是一种可以让食草动物远离的适应特征。刺实际上是一种变态叶。从解剖学角度来看，它们在最初形成时与正常的叶子几乎没有区别，但它们没有发育出进行光合作用的能力，并最终变为坚硬、尖锐且在某种程度上持久保留的器官。在干燥的沙漠气候中，食草动物毫不掩饰对富含营养和水分的叶子的渴望。对亚龙木而言，最常见的食草动物是杂食性（且非常有魅力）的节尾狐猴（*Lemur catta*）。亚龙木的叶子深受其追捧，但阻碍狐猴取食的是银色的茎上那一排排令人生畏、紧密排列的刺。对狐猴来说，不幸的是，肉质的叶子被夹在上下两排刺之间，每一片叶子几乎都无法探出那吸引人注意的树干。在这场战斗中，树是绝对赢家。由于这些难以应对的防御性的刺的存在，节尾狐猴只能以有限的方式进食。尽管如此，有证据表明一种已灭绝的巨型狐猴*Hadropithecus stenognathus*（体型可达到狒狒甚至大猩猩的大小）与节尾狐猴原产于同一地区，根据对其头骨形状、下颚和牙齿的古生物学研究，这种巨型狐猴可能与亚龙木多刺的茎更为匹配，并可能以亚龙木叶片为食。据了解，这种巨型狐猴已经在8世纪之前的某个时候灭绝，而当时人类刚刚抵达马达加斯加不久。很可惜，节尾狐猴和亚龙木现在都受到森林砍伐的威胁，并很有可能灭绝。据了解，现存的野生狐猴仅剩2 000只，栖息地的破坏、狩猎和外来宠物贸易是令其数量减少的主要原因。

椿叶花椒
Zanthoxylum ailanthoides

　　花椒属（*Zanthoxylum*）物种以各种显著特征而闻名，包括令人印象深刻的防卫器官，以及广泛的烹饪和药理用途。椿叶花椒也不例外。这是一种原产于日本南部、中国台湾、中国西南部以及东南亚部分近海地区的落叶树，因其可食用的幼芽和雌性植物的干果，而在暖温带和亚热带东部地区获得广泛种植。它是花椒属植物中体型最大的物种之一，在野外可生长到约15米高。

　　椿叶花椒最显著的特点是其极强的防御能力。椿叶花椒是分枝稀疏的中型到大型树木，具有大型的羽状复叶，其茎、叶柄和叶背上长有大量的皮刺。较低的树枝有着尖刺状的大突起，使树皮具有极不均匀的纹理。茎和叶柄上的刺则更像玫瑰或荆棘。叶子背面的刺较小，但处理起来仍然是相当大的阻碍。在所有花椒属植物中，皮刺都有较宽的基部和非常锋利、下弯的尖端；这些都能有效地阻止食草动物的攻击。

配备保护性防卫器官的植物通常被称为多刺植物，无论这种植物是否具有实际意义上的刺。任何尖锐的特征都被包括在内：欧洲枸骨（*Ilex aquifolium*）具有多刺的叶缘，单柱山楂（*Crataegus monogyna*）具有带刺的枝条，而复叶悬钩子（*Rubus bifrons*）具有凶猛的刺；这些都被认为是多刺植物。真正意义上的刺其实是变态叶，而茎刺则是变态的分枝。不管任何人对玫瑰作何评论，其茎上尖锐的部分和椿叶花椒一样都是皮刺，而不是茎刺。

严格意义上讲，皮刺是变态的表皮。它们最开始作为毛状体生长在植物表面，而后不知何故比周围的毛长得更大。导致毛状体进一步发育成皮刺的机制尚不清楚，但至关重要的是，皮刺与植物的维管系统没有联系。相反，叶刺和茎刺则具有维管束，并与植物内部的水分系统相连。随着皮刺衰老，其细胞变得木质化，但由于没有内部水源，它们无法继续分裂，因此很快就会死亡。在像玫瑰这样的木质茎上，茎的生长导致着生在茎上的皮刺基部最终失去与茎皮的连接并脱落。但是，虽然硬化的皮刺无法生长，但在花椒属植物的茎上，皮刺基部周围的木栓质树皮可以继续生长，就像一个维管化的分枝，携带着皮刺和加厚的树皮一起向外突出。这导致老龄的椿叶花椒树枝上常常布满了圆锥形、带有皮刺尖的巨大"树皮突起"。

椿叶花椒的叶片格外茂盛。其叶片为羽状复叶，由多达23个狭窄的小叶组成，沿着带槽的叶轴对生。在阳光下，小叶通常沿着中脉向上折叠，长长的尖端向侧面弯曲。叶片可以接近1米长，单个小叶的长度超过15厘米，叶片和小叶的大小随着芽的活力与遮阴程度的增加而增加。充足的叶片让人不禁联想到臭椿（*Ailanthus altissima*）的叶子，因此有了 *ailanthoides* 这个种加词，意思是"像臭椿"。当叶片被光线照射时，可以看到半透明的点有规律地分布在小叶表面。这些结构被称为油点，是分泌油腺，赋予植物独特的辛辣香气。这些是花椒属所在的芸香科（见第171页箭叶橙）植物的共同特征。

虽然椿叶花椒的防卫器官基本上与荆棘或玫瑰相似——也就是说，短小的皮刺仅生长于叶片下侧的叶轴——但皮刺的密度和大小是可变的。有些树木天生发育格外良好，而另一些树木则几乎没有武装。在日本南部一些小岛上进行的研究表明，椿叶花椒叶片上的皮刺大小与当地鹿群的取食压力有关。研究表明，岛上鹿群的密度越大，皮刺就越锋利，而那些完全没有武装的植物则栖息在历史上没有鹿群分布的岛屿上。

椿叶花椒的所有部位都会产生多种芳香化合物，这些物质也被认为可以阻止捕食者。然而，对于鹿群而言，无论植物是否有刺，它们都会以树叶为食，因此这种化学物质更有可能是为了抵抗害虫和真菌入侵。事实上，人们已经在大量的花椒属植物中鉴定出许多具有有效杀虫和抗菌特性的化合物。然而，几种凤蝶（*Papilio*）的幼虫仍以椿叶花椒叶为食。众所周知，凤蝶能够安全地摄取来自花椒属、柑橘属以及其他芸香科植物的有毒化合物。这些化合物转而可以为幼虫和蝴蝶提供防御化学物质。

在亚洲，树叶、树皮和根皮几个世纪以来一直被用于传统医学。它们的用途包括治疗普通感冒、瘀伤、毒蛇咬伤和循环系统问题。椿叶花椒及其他几种花椒属植物的果实和叶子中的浓郁辛辣味道为东亚地区的菜肴（如四川菜系）提供了独特的辣味。许多亚洲物种的微小果实被称为四川胡椒。在15世纪末辣椒（*Capsicum*）传入亚洲之前（辣椒在亚洲烹饪中实在是太普遍了，以至于人们通常将其视为传统植物，但辣椒实际上原产于墨西哥），那里仅有的"辛辣"调料是花椒、胡椒（*Piper nigrum*）和姜（*Zingiber officinale*）。

在中国，幼嫩的椿叶花椒叶可以生吃，或者更常见的做法是煮熟后用来装饰荤菜或鱼碟。叶片有时也会磨碎后油炸。在中国台湾，被称为塔亚尔人的原住民群体里有一个传说：一个猎人在山上迷路了，身边只有一些快要变质的腌制猪肉可以吃，他偶然遇到了椿叶花椒，便利用这种芳香的树叶来改善肉的味道。猎人对他的发现印象深刻，并想与他的族人分享，于是把椿叶花椒带回家，从此椿叶花椒成了当地烹饪的传统元素。

咀嚼花椒树叶和果实时，口腔中会有一种极其强烈的刺痛和麻木感，因此它还有了另一个俗名——牙痛树。其中所涉及的化合物烷基酰胺羟基-α-山椒素（在所有花椒属植物中均有发现），已经在临床试验中被证明可以有效减轻锐痛、急性疼痛和炎症性疼痛，因此正作为止痛药和类风湿性关节炎治疗方式而接受测试。

椿叶花椒也是一种令人印象深刻的观赏树。有着这么多独特的功能，椿叶花椒很难不为人所知。如果你在荤菜中看到一颗花椒，不如花点时间品尝一下它的辛辣气味，并感受它的潜力所在。

智利南洋杉
Araucaria araucana

　　智利南洋杉可能是所有针叶树中最容易识别的。它的幼树树冠通常是金字塔形；随着成熟衰老，树冠变得更像圆锥形，但总是保持着一种看似不可能的对称形式。粗壮的侧枝沿着茎以5为基数轮生，每个侧枝都覆盖着重叠的、宽而结实的、顶端尖尖的鳞片状革质叶片。这些叶片呈深绿色，上下表面都可见白色的气孔带。

　　智利南洋杉树叶最引人注目的地方之一是其叶序。树叶密集且呈螺旋状地沿着树枝分布，这种独特的叶序结构表明该物种需要最大限度地暴露其树冠的所有部位以获取阳光。事实上，螺旋叶序在树木中非常常见，一些栎树（*Quercus*）和枫香树（*Liquidambar*）

也是如此，但考虑到树枝上叶片之间的间隙较大，这种现象并不明显。这种叶序终归是为了实现获取最多的阳光照射。

然而，智利南洋杉的叶片还有另一种在植物界常见的独特特征：叶片按照斐波那契数列排列。该数列以13世纪的意大利数学家莱昂纳多·斐波那契命名。数列中的每个数字都遵循以下规则，即每一项都等于前两项之和，因此是0、1，然后是1、2、3、5、8、13、21、34等等。在植物中，斐波那契数列常见于向日葵（*Helianthus annuus*）或者其他菊科物种的盘花排列。这些植物具有多组小花，从中心向外呈螺旋状，一组顺时针排列，另一组逆时针排列。计算螺旋排列的数量就会发现，每个螺旋上的小花都是斐波那契数列中的相邻数字（通常一个方向为34，另一个方向则为55）。

要想数清尖锐的智利南洋杉叶片螺旋可是一项艰苦的工作，最好戴上手套。在树干和较老的枝条上观察螺旋叶序要容易得多，嫩枝的正常生长将叶子分开，更清晰地暴露出叶序。斐波那契数列也出现在智利南洋杉的球果和其他针叶树球果中。这也许有些奇怪，却是植物界中极为常见的模式，而不仅限于向日葵和针叶树。肉质植物的莲叶座、火把莲（*Kniphofia*）的花以及菠萝都呈现出斐波那契螺旋。斐波那契螺旋还不止于此。这个数列一次又一次出现，因为这些特殊的螺旋描述了自然界中最有效的排列方式——你寻找得越多，就会看到越多。

智利南洋杉是（绝大多数）常绿针叶树中的一种，其树冠总是披着树叶。常绿植物并不意味着一棵树永远保留着它的叶子；而是叶子被不断地替换，树永远不会有真正的无叶期。常绿植物的习性有几种。有些树被称为"换叶植物"，其叶子持续不到一年就会替换出新叶，这样树冠上始终有可以发挥功能的叶片。"半常绿"树木则在新叶长出后马上脱落老叶，而"半落叶"树木会脱落一半以上的叶子，但从不会完全光秃秃的。

不过，智利南洋杉绝对是常绿植物。事实上，它们的叶子惊人地持久，一般能在10～15年内保持功能性光合作用，在特殊情况下可以保持长达25年，甚至30年。长寿松（*Pinus longaeva*）能够在相当长的时间里保留叶片，但大多数完全常绿的树木更换叶子的频率要高得多，最常见的策略是每3～5年就更换一次，或者像冷杉（*Abies*）和云杉（*Picea*）一样最多每10年更换一次。

智利南洋杉的老叶通常会嵌入在树干的灰褐色树脂质树皮中保持几十年，直到逐渐磨损或被完全吞噬。而当树叶脱落时，有时会脱落整个树枝，特别是从茎的下层开始全部脱落，而不是脱落单片的叶子。因此，几百年后，一棵树会形成宽阔的伞状树冠。

该物种原产于智利和阿根廷的部分地区，广泛分布于安第斯山脉南部两侧海拔600～1 800米的区域，多生长于疏松的火山土壤上的多雨和降雪地区。它因而适应了环境干扰，并有厚厚的树皮保护它免受野火的侵袭。智利南洋杉可以在受到严重伤害（或砍伐）时从休眠的芽中再生，这对于针叶树来说并不寻常。不幸的是，由于逐渐增多的火灾、伐木和过度放牧，这些树木在野外正受到威胁。

智利南洋杉的属名和种加词都指的是西班牙语单词Araucana，既指原住民马普切族，也指发现该物种的地区。智利南洋杉是马普切文化中的重要树种，主要是因为它富含淀粉且可食用的巨大种子。种子煮熟或烤熟后尝起来很像栗子（*Castanea*），当地人如今仍在食用。

自18世纪末以来，西方一直在培育智利南洋杉，这种景象十分常见且经常引人注目。最初，陪同温哥华船长乘坐"发现号"出行的外科医生及植物学家阿希巴尔德·明斯在与智利总督会面的晚宴上将一把本应作为甜点的种子装进了口袋。他在回家的路上种植成功，然后将其交给了约瑟夫·班克斯，后者当时是乔治三世国王营建英国皇家植物园（邱园）的顾问，他在伦敦的私人住宅里种下了这些树苗。此时，还没有人将这些树称为"猴见愁"（monkey puzzles）。直到50多年后，康沃尔郡花园的一位游客认为这棵树"猴子很难爬上去"，首先被采用的是monkey puzzler这个名字，后来r被省略了。当然，对任何潜在的攀爬者来说，尖端向上的锋利树叶都是个问题，尽管猴子或许会爬上树，但人们认为只有在这个方向上才有可能在树干和树枝上行进。只可惜，南美洲这一地区没有原生的猴子可以用来检验这一理论。

南洋杉属植物主要分布在南半球，但曾经生长得更为广泛。南洋杉属化石的出现可追溯到三叠纪晚期，距今约2亿年前，但人们认为南洋杉属植物在整个中生代（约2.52亿～6 600万年前）的剩余时间里几乎遍布全球热带地区。在此之后，南洋杉便在北半球灭绝，到了新生代（约6 600万～260万年前）就越来越局限于当前的分布范围。有一种被称为黑玉的宝石，在欧洲被罗马人和维京人用作珠宝，也被维多利亚女王用作丧服的一部分，就来自南洋杉科植物的树木。它是木材经过数百万年的内涝、掩埋、压实和加热的降解产物。

除了独特的智利南洋杉，南洋杉属还包括异叶南洋杉（*A. heterophylla*，英文俗名直译为诺福克岛松），这是地中海景观中的一种常见物种，也是温带地区一种流行的室内植物。然而，顾名思义，它原产于南太平洋的诺福克岛。南太平洋热带地区是南洋杉属物种多样性的中心，在新喀里多尼亚群岛上发现了该属20个物种中的14个。该地区以其广泛的针叶植物多样性而闻名，约有42个物种分布在该地区，且都是当地特有物种。

南洋杉科植物还包括新西兰贝壳杉（*Agathis australis*）和凤尾杉（*Wollemia nobilis*），1994年后者的发现在植物学界引起了一阵轰动，其栽培品种很快就成为营建树木景观的"必备"物种。伦敦邱园的一株凤尾杉活体植株几年来一直保存在笼子里，吸引着人们的注意；此外，它在澳大利亚新南威尔士州沃勒米国家公园峡谷中的有限野生分布也值得关注。2019年，仅有的野生种群因森林大火而险些灭绝。

世界上大约有三分之一的针叶树物种正在野外面临灭绝的威胁。在南洋杉科植物中，面临风险的比例则高达三分之二。尽管智利南洋杉以牢不可破的树叶而著称，可我们人类对于保护树木这件事本身又表现如何呢？

非凡的特质

我从未见过一棵心怀不满的树，它们紧抓大地，仿佛深恋着大地；虽然根扎得很深，却行进得和我们一样迅速。

——约翰·缪尔

　　数不清的植物可以按照它们的大小、年龄或美丽程度而区分开来。我们对这些特殊的植物越是熟悉，它们看起来就越是不那么特别，但确实有少数植物给人留下了深刻的印象，在竞争中脱颖而出。尺寸是衡量巨大程度的明确标准。就叶子而言，离荚豆、巨叶木兰和巨叶海葡萄都非常了不起，而且在其他方面也都是独一无二的。古生物学也有相应的记述。从化石记录中可以看出，水杉、软树蕨和银杏（古老、比较古老、最古老）具有不同的古代特征，三种植物都有其独特的魅力。尽管蕨叶梅也因其（年轻得多的）地质历史而闻名，但主要还是因为其迷人的叶片。菩提树的叶片和树木本身也广受赞誉。

蕨叶梅

Lyonothamnus floribundus

位于加利福尼亚南海岸的海峡群岛拥有丰富的历史资源，充满了地质变化的力量、无数重大的人类第一次以及几乎令人难以置信的外来动物故事，但那里也有迷人的植物。虽然我们熟悉气候变化和海平面急剧上升的前景，但在更新世冰期（距今最近的冰期），世界各地的海平面要比如今低120米。这在一定程度上允许人类越过白令陆桥进入北美。对于海峡群岛来说，这意味着群岛和大陆海岸之间的间隔比现在更窄，而更小的岛屿群形成了更大的巨型岛屿。这都有效促进了史前动植物的交流。

我们可能很难想象，野牛大小的侏儒猛犸象（*Mammuthus exilis*）在当时的海峡群岛很常见。这些厚皮类动物是分布更广的哥伦比亚猛犸象（*M. columbi*）的后代。更令人惊奇的是，北美洲最早的人类古生物学证据来自1.3万年前在海峡群岛发现的遗骸，而这一时间正是侏儒猛犸象在此灭绝的不久之前。

在更新世（约260万～1.2万年前）之前，蕨叶梅的祖先更为广泛地分布在北美洲的西南地区，但随着气候变化和湿度逐渐降低，该物种灭绝，而其余种群则滞留在海峡群岛。虽然不那么像孤儿，但其他几种动植物也有着相似的命运。岛上的五针鬼松（*Pinus torreyana* subsp. *insularis*）、朝天花葵（*Malva assurgentiflora*）、西部强棱蜥（*Sceloporus occidentalis beckii*）以及如小猫一样大的岛屿灰狐（*Urocyron littolaris*）是海峡群岛特有物种中颇具魅力的案例；然而，它们都是大陆上仍然存在的分布更为广泛的物种的后代。由于蕨叶梅的亲缘物种已经灭绝，该物种因此被认为是"孑遗物种"。

蕨叶梅是一种小型乔木，树皮呈纵裂，叶常绿，主要生长在峡谷、岩石斜坡和栎树林地，可长到5～15米高。它的木质非常坚硬，树皮很醒目，剥落成长条状，下面露出锈迹斑斑的光滑灰色树皮。虽然是蔷薇科成员，蕨叶梅的叶片却非同寻常地在茎上对生。尽管如此，它的小花还是很典型地具有五片白色的花瓣和五片绿色的萼片。春天，这些单独的花朵簇拥成宽大的伞房状花序，生长于枝顶。

在大多数蕨叶梅树林中，每棵单独的树都有着相同的基因。换言之，树林是克隆林。早期的保护生物学家由此意识到，蕨叶梅种子的正常繁殖并不容易。然而，人们在栽培的蕨叶梅中观察到，该物种确实能够产生有活力的种子和正常的幼苗。他们还注意到，蕨叶梅幼苗的茎天生脆弱，这使得它特别容易受到动物的践踏和取食。不幸的是，不论是在过去还是现在，野生动物在海峡群岛上都很常见。

乍一看，这个海峡群岛物种似乎有两种不同的形式。最广泛的表现形式也常见于栽培品种，即具有大而宽的复叶。这种形态一般被称为 *aspleniifolius* 亚种。另外一种更罕见的形式，其特点是叶片简单且呈矛状，有时被称为 *floribundus* 亚种。人们很难将二者视为同一物种，但植物学家指出，种群内的叶片形状和整个范围内的植物之间的遗传相似性可以存在相当大的差异。虽然人们从具有显著差异的种群中定义出了不同的类型，但这些种群实际上表现出了一系列的叶片变异，而且没有方便的生物标记来区分二者。尽管如此，许多人都遵循着不那么学术的观点，仍将二者视为两个独立的亚种。

蕨叶梅最大、最精致的叶子格外迷人。它通常由一个长长的中心小叶和2～6个展开的小叶构成，中心小叶终止于等长的叶柄，而其他小叶则沿着中心轴的下部成对着生。每个小叶的轮廓呈矛状，但有趣的是会分裂成十几个密集堆叠的翼状裂片。这种特殊形状可能会让人们以为它很独特，不过事实并非如此。许多其他植物也存在这种特殊的叶片设计，包括外观非常相似但并非蕨类植物的香蕨木（*Comptonia peregrina*），以及一些真正的蕨类植物，如铁角蕨（*Asplenium trimanes*），蕨叶梅的*aspleniifolius*亚种由此得名（*aspleni*即铁角蕨，*folium*即叶子）。

　　海峡群岛中的卡塔利娜岛正是蕨叶梅英文俗名Catalina ironwood的由来。它是离洛杉矶最近的岛屿（仅42千米），也是海峡群岛中唯一一座拥有大量永久居民定居点的岛屿。（其他岛屿上也有军事设施，但没有像卡塔利娜岛那样的度假酒店和大型社区。）该岛也被称为圣卡塔利娜岛，曾经是富人和名流的热门去处，从洛杉矶乘坐私人船只或渡轮可方便到达。很出名的是，1924年，为了制作一部无声的西部电影《雷霆牛群》（*The Thundering Herd*），14头美洲野牛被运送到岛上。电影拍摄结束后，这些野牛只能自生自灭，在没有捕食者的情况下，该种群最终增长到500多头。经过明智的扑杀，剩余的大约150头野牛如今自由地生活在岛上。对于每年上百万的游客来说，它们称得上是格外吸引人，甚至有点令人吃惊的景象，并且已经成为该岛的非官方吉祥物。蕨叶梅受到各种外来食草动物的威胁，但在卡塔利娜岛上，几乎所有食草动物都已被有效清除。

只有骡鹿和野牛留在那里，尽管骡鹿的日子可能不多了，但生生不息的野牛表明蕨叶梅可能在某种程度上总是要忍受野牛的啃食。

巨叶木兰

Magnolia macrophylla

　　巨叶木兰原产于美国南部，是一种非常美丽的落叶木兰，因其高大的树型、稀疏的粗壮分枝、巨大的叶子和沙拉盒大小的白色花朵而备受推崇。巨叶木兰能长30米高，其叶片和花朵都是所有木兰中最大的。巨叶木兰生活在阿巴拉契亚山脉南部两侧的潮湿山谷和森林中，且通常生长在其他北美木兰属（*Magnolia*）物种附近。

　　1759年，法国植物学家和探险家安德烈·米修是第一个将该物种编目的欧洲人。他随后将巨叶木兰传播到欧洲，在那里引起了园艺专家的关注。广阔的美国东部被公认为生物多样性相对丰富的地区，拥有8种不同的北美木兰属植物。该属在世界各地大约有200个物种，大多数是亚热带和热带树木，栖息在东南亚、中美洲和南美洲。北美木兰属中也有一些耐寒物种，包括巨叶木兰在内的许多物种都已引种至花园中栽培观赏。耐寒玉兰只产自东亚和北美东部，其中一种甚至可以向北分布到加拿大东南部。这些地区（从热带到温带）的共同条件是拥有接近恒定的湿度，以及肥沃且排水良好的土壤。

木兰被认为是最原始的开花植物之一，它们出现在大约9 500万年前的化石记录中。睡莲和其他一些小型水生植物更为古老，但木兰保留了许多"原始"特征，让人经常与电影中想象出的史前景观联系在一起。木兰科植物的组织可产生多种芳香化合物，这些化合物的主要作用是阻止动物取食。考虑到木兰科植物的存在时长，有一个很好的问题就是，这些化学物质进化出来究竟是为了阻止哪些动物。木兰中化学物质的强效混合物通常在树皮中含量最多。切罗基部落在传统上使用木兰树皮作为镇痛剂、胃肠道和呼吸辅助剂以及牙痛治疗剂。

人类种植木兰主要是为了欣赏其花朵，这些花朵呈白色，在极少情况下是粉色或紫色，气味甜美，围绕着粗壮的轴呈螺旋状排列（原始开花植物的常见特征）。与玫瑰和木槿花不同，木兰的花没有单独的花瓣和萼片，而是一组未分化的花被片围绕着花中发挥着生殖功能的部分。花被片十分显眼，主要是因为它们的大小，但木兰花并非特别专门吸引哪个传粉者。虽然花朵可能会有多种不同种类的昆虫到访，但授粉主要是由取食花粉的甲虫进行的，这也是原始开花植物的特征。在巨叶木兰中，巨大的花朵由6个宽大的花被片组成，内部的3个花被片基部有紫色斑点。这些花往往数量很少，而且大多隐藏在上部的枝条中，但与宽大的叶子形成了鲜明的对比，呈现出壮观的景象。

巨叶木兰的叶片以其未展开的微型形式越冬，包裹在手指般大小的叶芽中。每个芽都由内外一对芽鳞围绕。严格意义上来说，这是托叶。在北美木兰属植物中，每一片新生叶上都有一对托叶。当托叶脱落后，会在树枝上留下典型的环状托叶痕。

展开的叶片——这也许是巨叶木兰最独特的特征——为波状，呈哑光绿色，有时在生长特别旺盛的枝上可长达1米。叶片通常在中间偏上处最宽，大致呈桨状。所有木兰的叶片都在茎上呈螺旋排列，而在巨叶木兰中，叶片几乎聚集在树枝顶端，像巨大的遮阳伞一样呈放射状。虽然这种排列在一棵巨大的树上看起来非常合适，但是却会在一棵年幼的单茎树上产生一种特别笨拙，甚至有些滑稽的效果。新长出的茎和叶片背面都覆盖着白色粉末状的蜡质物质，由于这种白霜的存在，从下方仰望一棵长满叶子的树会在蓝天的衬托下显得十分壮观。人们经常注意到，秋天叶片掉落在地上时并不需要耙集，因为叶片太大，用手收集起来更为容易。抛开夸张的成分不谈，巨叶木兰有一种粗鲁的雄伟，这种雄伟只会随着树木的生长而增强。

对巨叶木兰来说，在物理上支撑起这么大的叶片并有效地为其所有活细胞提供水分可是一项不小的任务。因此，叶片的结构必须既坚固又复杂，充分利用叶片的整个内部空间。所有种类的木兰叶片在其叶脉中都含有大量的木质素来完成这一任务。木质素是一种使木质坚韧且具有耐性的化合物。横跨叶脉之间空隙的绿色组织主要由纤维素组成，正是这种物质使得芹菜茎变硬。然而，请注意，与木质的木兰细枝相比，芹菜更容易咀嚼和消化。倘若冬天在地上留下一片木兰叶，随着绿色纤维素组织逐渐被看不见的微生物吞噬，叶脉结构便慢慢暴露出来，而富含木质素的叶脉支架仍然存在。在不到一年的时间里，木兰叶可以从坚硬的绿色叶片变成精致的花丝骷髅，深受儿童以及工艺爱好者的喜爱，并被大量收藏。

巨叶海葡萄

Coccoloba gigantifolia

在世界上大约6万种已知的双子叶植物中，巴西亚马孙的巨叶海葡萄拥有最大的叶片。这种从短而结实的叶茎中长出的宽大卵形叶片，其长度可达惊人的2.5米，宽度近1.5米。叶片正面是深绿色，背面是浅绿色，质地略呈革质，边缘为波浪状，短毛可见于正面叶脉，但更多分布于背面。作为一种生长在林下层的小树，其花朵并不显眼，却有着葡萄状的果实，这些果实在一些其他海葡萄属植物（共约有150种）中是可以食用的。其属名*Coccoloba*来源于希腊语*kokkolobis*——这是一种葡萄，直译为"浆果荚"。俗名海葡萄一词用于所有海葡萄属物种，这与该属大多数物种分布在沿海栖息地有关。海葡萄不应与蕨藻属（*Caulerpa*）的绿藻物种相混淆，后者在东亚和大洋洲有时可用于制作沙拉。

海葡萄属以其超大的叶片而闻名，但它们也展示出作为蓼科（Polygonaceae）成员的另外一种叶片特征。其叶基周围有托叶鞘，有助于保护叶的发育。这是由一对（或更多对）包在叶腋内的托叶融合而成的。"托叶鞘"（ochrea）一词的英文来自拉丁语，大致意思是"护胫甲"。在历史上，护胫甲是战士们在战场上穿戴的一种能提供全方位包裹的结实的腿甲。托叶鞘具有类似保护叶片的功能，尽管它们的质地更像纸和叶片。虽然托叶鞘可能无法抵挡挥舞的剑，但在蓼科植物中却很成功。

蓼科植物几乎分布在全球各地，包括近50属约1 200个物种，并以其药用价值而闻名，几种海葡萄属植物也被广泛用于传统民间医学中。生活在温带地区的人可能最熟悉蓼科成员酸模（Rumex），这类植物因可用于治疗异株荨麻引发的刺痛以及更广泛地应用于治疗皮肤问题而闻名。除了荞麦（Fagopyrum esculentum），蓼科植物还包括食用大黄［波叶大黄（Rheum rhababarum）和阿尔泰大黄（R. altaicum）］，虽然它们不是树，却有着在粉碎时完美到令人印象深刻的叶茎。

海葡萄属中还有其他几种大叶种类，但这些树过大的叶片往往与旺盛的幼年生长更为相关。在植物界中，在幼时因修剪和其他损害而导致的叶片过大是一种常见现象，美国梓树（见第287

页）和毛泡桐（*Paulownia tomentosa*）就是温带地区最极端的树木案例。

像所有海葡萄属植物一样，巨叶海葡萄来自湿润的新热带区（美洲热带地区），大型叶片在该地区所有类型的植物中都很常见。在水分充足的亚马孙盆地，树叶可以通过蒸腾作用保持凉爽，因此能够承受更大的重量。

虽然叶片的大小在很大程度上决定了它的光合潜力，但水分和养分供给是否充足影响着大型叶片的发育程度。暴露在阳光下也会对特定尺寸叶片的发育有所影响。对柚木这种大叶热带植物来说，暴露在阳光下的大型叶片表面会受热，如果没有采取某种方式来调节升温，温度就可能会继续升高，超过光合作用或健康叶片组织的最佳温度。大型叶片可以形成深裂或孔洞以帮助散热〔如龟背竹（*Monstera deliciosa*）〕，但还有另一种可能是为适应光照不足的阴生环境，这就是巨叶海葡萄在雨林中的生存状态。

当然，拥有更大的叶片就意味着要减少叶片数量，因此巨叶海葡萄的植株叶片很少会超过十几片。这种树做出了权衡，认为将其能量投资于长大叶片要比用于生产更多的木材更划算，尽管制造大型叶的成本本身也是一笔不小的投资。

也许令人匪夷所思的是，虽然具有空前巨大的叶片，但巨叶海葡萄的发现只是最近的事，并且直到2019年才作为一个物种被正式发表。1982年，植物学家在巴西亚马孙流域的卡努芒河沿岸首次发现了它，并在随后近十年时间里对其进行观察，但因为第一批观察到的标本没有花，所以无法确定这些标本究竟是新物种还是现有物种。因此，植物学家们需要播种和种植这种植物，直到它们长出花朵和果实——这是确定新种的必要证明材料。

具有如此巨大的叶片，制作植物标本可不是一件简单的任务。对于巨叶海葡萄而言，由于无法使用适用于"普通"大小标本的传统烘干炉，植物学家专门建造了3米长的压力机并采用空调设备来干燥叶片。随后，这些植物标本被装裱起来并在巴西国家亚马孙研究院进行展出，让公众惊叹不已。

亚马孙的物种新发现层出不穷。2014—2015年的一项为期两年的调查发现了近400个以前未被记录的物种，其中一半以上是植物。雨林是生物多样性的中心，而热带雨林是世界上约一半动植物的家园。世界上6万种树中，约有1.6万种生长于亚马孙，但仍有新物种有待鉴定。

令人沮丧的是，在这些植物灭绝之前对其进行鉴定已经成为一种与时间的赛跑。在过去的50年里，亚马孙有六分之一的土地都是由雨林改造而成。由于无情的砍伐和火灾发生率的增加，树木正在消失，同时由于气候的快速变化和森林砍伐本身的影响，亚马孙大片地区如今的降雨量远低于过去。据估计，如果亚马孙损失20%～25%的树木，那么它极有可能从郁郁葱葱的热带雨林转变为开阔的热带草原。毫不奇怪，数量很少的巨叶海葡萄一经发现就被认为有灭绝的危险。但愿巨叶海葡萄这一物种未来不会成为只有在博物馆里才能见到的展品。

菩提树

Ficus religiosa

菩提树能够长出房屋大小的树干。它绝对是一棵树，但它通常以附生植物的形式开始生长，在将根送至地面之前都生长在另一棵树的树冠上。这些根将顺着宿主树木的树干向下生长，最终取而代之成为一棵独立的树。虽然菩提树有时被归类为绞杀榕，但从严格意义上来讲并非如此。绞杀榕长出的根会从外部完全覆盖并挤压宿主树木；尽管我们对二者的称呼有所不同，但无论哪种方式都会牺牲宿主。

除了树木和绞杀者，榕属（*Ficus*）还包括各种各样的攀缘植物、灌木和匍匐植物。有些物种在没有土壤的岩石表面生长（岩生植物），甚至有水生物种在快速流动的河道里生长。

菩提树原产于印度次大陆和东南亚的大部分地区。在南亚，菩提树在一些古老的宗教圣典中被提及，被认为是最神圣的树木。菩提树可以存活1 000多年，往往与圣地有关，对佛教徒、印度教徒和耆那教徒来说仍然具有重要意义。据说，佛陀释迦牟尼是在印度东北部菩提伽耶（即如今的比哈尔邦）的一棵菩提树下悟道成佛。虽然此处仍有一座菩提寺，但最初的菩提树已经不在了，取而代之的是另一棵菩提树的后代。菩提伽耶现在的这棵菩提树源自斯里兰卡阿奴拉达普勒的一棵菩提树，而后者本身是从佛陀曾在树下冥想的这棵树上分枝移植而来。阿奴拉达普勒这棵菩提树可追溯到公元前288年，被誉为世界上最古老的栽培树木，这两棵菩提树以及其他古代植株都是佛教徒朝圣的重要地点。

可以追溯到菩提伽耶原始树种的树才能被称为真正的菩提树。商业用途的菩提树也经常使用这个名字，但宗教权威则一直谴责在未经认证的植株上使用菩提这一名称。然而，由于该物种在超过35种语言中有150多个通用名称，因此并不缺乏替代名称。除了菩提树在精神上的意义，其当地俗名通常与该树在传统医学中的广泛应用有关，因为菩提树全株长期以来一直被用于治疗一系列疾病，包括呼吸道疾病、消化疾病和性病。

很大程度上得益于其崇高的地位，菩提树已被引入其他气候温暖的地区，如亚洲其他地区以及非洲和美洲。该物种通过扦插和播种可广泛生长，但现在已经在美国和太平洋部分地区被认为具有入侵性。像所有榕属植物一样，它在野外依赖于特定的传粉蜂进行繁殖；为之传粉的榕小蜂（*Blasthaga quadraticeps*）也和植物一样适应了新的地方，促进了树在新环境中的繁殖。

菩提树当然是一种非凡的树，至此我们甚至还没有提到它的树叶。菩提树叶经常出现在艺术品、电影甚至服装上，其心形叶片很容易辨认。它们生长在细长、扁平的叶柄上。不过，它们最显著的特点是那令人印象深刻的长尾巴，悬垂在叶片的尖端，约占叶片长度的一半。

有几个植物学术语描述了叶尖形态的变化。不太锋利的被描述为"钝"，而叶尖有尖角的被称为"急尖"。较长的叶尖可以使用来自拉丁语acumen的"渐尖"（acuminate）一词，意思是"尖锐"。更长的叶尖被称为"骤尖"，而尾状的长尖端则被称为"尾尖"。尾尖不应与"心形"混淆，后者一般用于描述叶柄两侧呈圆形裂片的叶基。事实上，菩提树叶有着心形的叶基和尾状的叶尖。尾状的叶尖通常被称为"滴水叶尖"，很少有树木的滴水叶尖能像菩提树叶一样引人注目。

滴水叶尖的作用很容易理解：它们可以加速叶片表面水分的导流。但为什么会这样呢？拥有滴水叶尖有几处潜在的生态优势，而植物学家长期以来一直在思考这些可能性。这个问题似乎没有一个简单的答案，但有很多理论解释。一种流行的观点认为，快速移除水分可以限制藻类、地衣等生物在叶片表面的定殖，而这些生物的存在会减少叶片获得的光照。倘若需要依靠阳光来产生食物，你并不会希望有人拉上窗帘。水分在叶片表面停留的时间越长，致病真菌和细菌就越有可能获得立足之地。另一种理论认为，叶片上覆盖的水层会阻碍气孔并限制蒸腾作用，从而降低植物从土壤中吸收养分的能力，但这种理论对于菩提树而言似乎不太适用，因为它的气孔仅存在于干燥的叶片背面。也许更合理的理论是，多余的水的重量可能需要额外的结构支撑（即更强壮的树叶和树枝）。还有另一种理论认为，这与树叶在降雨后快速排水的能力无关，但与叶片在下雨时发挥的作用有关。有人认为，由于从叶片的滴水叶尖上落下的水滴要比从较短叶尖上落下的水滴更小，可能会减轻树木底部泥水飞溅引起的土壤侵蚀的威胁。尽管具有滴水叶尖的树木在土壤易受侵蚀的地区很常见，但迄今为止，对这一特定假设的测试结果仍不确定。

在热带较湿润的地区，带有滴水叶尖的植物特别普遍。这种联系导致滴水叶尖在历史气候的古生态重建中被视为历史雨林状况的一个判断指标。一个有趣的观察是，在雨林环境中，有滴水叶尖的树通常比没有滴水叶尖的树要小。至少在某些物种中，随着树木尺寸的增加，滴水叶尖的长度会随着树龄的增长而变短。

其原因在于，叶子越多暴露在阳光下和风中，干燥得越快，因此不需要很长的滴水叶尖。

虽然具有滴水叶尖的物种主要分布在热带地区，但部分温带地区物种确实也具有滴水叶尖，这可能是出于一些相同的原因。椴树、桦树和鹅耳枥就是几个常见的例子。它们的叶尖既没有那么长，也没有那么令人印象深刻。但是，如果没有热带森林的热量和湿度，叶面病原物和附生植物的出现概率就没有那么高，因此，及时干燥叶片的需求也没有那么重要。

离荚豆

Schizolobium parahyba

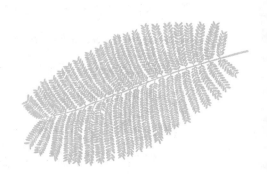

根据一些说法，离荚豆（也称为巴西蕨树、巴西凤凰树或塔树）是热带地区生长最快的树木。离荚豆的幼苗在第一年就可以长到3米，而仅仅5年后就能达到令人难以置信的18米——无论以哪种标准来看，这都是个惊人的增长速度。

离荚豆原产于从墨西哥南部到巴西南部的疏林地区。帕拉伊巴河（Parahyba）位于巴西东北部，这棵树的种加词由此而来。在野外，离荚豆植株具有笔直的树干，树干基部通常向外扩展，形成壮观的板根，尤其是在土壤较浅的地方。该物种倾向于生长在干湿季节分明的地区，由于其具有生长快速、耐贫瘠等特点，因而成为荒地造林、雨林恢复的理想树种，因此被广泛种植。由于它的树冠枝叶稀疏，所以有时会被点缀在咖啡种植园中。

尽管这些树木令人印象深刻，但大多数树木的快速生长都伴随着寿命的缩短，而野生离荚豆的寿命很少超过40年。就像常说的那样，"活得快，死得早"。这种木材质地柔软、重量轻，在传统上用于制作独木舟，但由于其耐久性差，如今除制作包装箱、刨花板或纸浆以外很少有其他用途。无论如何，离荚豆都备受赞誉，但不仅仅是因为它高耸的身型和生产力。成熟离荚豆的树冠在花季时看起来就像完全被火焰般黄色的花朵所吞没，因此被称为巴西凤凰树。这种树也被拿来与蓝花楹（*Jacaranda mimosifolia*）作比较，后者也以其蓬勃茂盛的花朵而闻名。例如，在澳大利亚部分地区，离荚豆被称为黄花楹。离荚豆不仅花朵壮观，据报道其花蜜还可酿成清澈、美味的蜂蜜。

离荚豆是豆科的一员。豆科是一组庞大的植物组合，是陆地植物的第三大家族，约有1.9万个物种，分布在所有适于居住的大陆。与其他大多数豆科植物一样，离荚豆的叶片由多个小叶组成，因此被认为是复叶植物。在羽状复叶中，单个小叶沿着中心轴排列，排列方式就像羽毛或者蕨叶。离荚豆的叶片是二回羽状复叶，这意味着小叶着生在叶轴的二级分枝而不是一级分枝上。在该物种中，这种分枝垂直于中心叶轴。在豆科植物中，羽状复叶、二回羽状复叶甚至三回羽状复叶都比较常见。那么，为什么羽状复叶在豆科植物中如此常见，尤其是在世界上那些炎热和阳光充足的地区呢？简单的答案就是，复叶具有保持自身凉爽的能力。这是因为聚集在一起的非常小的、独立的小叶可以代表较大的表面积，而不会积累同一光合区域相邻叶表面所吸收的热量。羽状复叶的豆科植物还有另一个妙招，那就是小叶是双折的。换句话说，每个小叶都有向上对折的能力，这意味着在酷热或干旱的时候，暴露在阳光下的叶片表面可以减少到最小。

生长迅速、未成熟的离荚豆植株上，其笔直、单生、无分枝的树干可以长出真正巨大的叶片，每片叶片都有数千个单独的小叶。叶子笔直地围绕着茎呈放射状生长，尤其是从下面和远处看起来非常像棕榈树或树蕨。与几乎所有的树木一样，传统文化也发现了离荚豆叶片的用途。对于一棵叶子如此丰富的树来说，这并不意外，其叶片不仅被用作家畜饲料，也被用于传统医学。这方面的一个例子是由离荚豆树叶制成的茶，人们认为它可以有效治疗感冒和咳嗽。虽然西方医学标准并未证实离荚豆树叶制成的茶的功效，但使用离荚豆树叶制作的强效抗蛇毒药物对至少两种有毒的巴西响尾蛇有效，这一点已得到充分证实。

正如许多人所知，豆科植物的特点之一是具有被称为荚果的果实。荚果是所有植物果实中最容易辨认的一种，通常是细长、圆柱形或扁平的绿色豆荚中包裹着一排扁平的种子。食荚菜豆和豌豆是人们所熟悉的果实（虽然它们一向被称为蔬菜），但并非所有的荚果都符合这种经典形状；也不是所有的荚果都可以食用。对大多数人来说，离荚豆扁平、木质、杯垫般大小的果实无论如何也不会被辨认为荚果。它有着吸引人的泪珠形状，只含有一粒大种子。就像典型的成熟荚果一样，它会沿着两侧的缝合线裂开以释放种子。离荚豆的属名 *Schizolobium* 就源自希腊语的 *schizo*（意为分裂）和 *lobion*（意为豆荚），指果实成熟时会分裂成相同的两半。与大多数热带森林树木一样，富含能量的大型种子可以帮助幼苗快速生长，并推动新生的茎向上穿过森林地被物上厚厚的堆积物。然而，还在树上的离荚豆的果实吸引了鸟类，包括绯红金刚鹦鹉（*Ara macao*），它可怕的喙使得不成熟的荚果很容易被撬开，从而接触到里面富含营养的种子。在没有鸟吃种子的情况下，成熟的荚果最终会脱离附着物而掉落，发生偏心旋转（想象乒乓球拍从高楼顶部落下的轨迹），与地面相遇。理想条件下，种子降落在远离亲本树树荫的地方，在这种情况下，由于飞行路径摇摆不定，树木极高的高度和可能出现的强风都是帮助传播的有利条件。

软树蕨

Dicksonia antarctica

蕨类植物通常与凉爽惬意的林地散步联系在一起。蕨类植物的茎和叶意味着精巧的植物纹样，而蕨类植物带来的阴凉则让人想起在优雅树林的斑驳光芒下，郁郁葱葱、齐膝高的蕨类植物群。人们（至少是北半球的人）很少把蕨类植物当作树；但是，想象一种不同的蕨类森林漫步——当然，是更温暖、更潮湿的那种——在那里，蕨类植物本身就是森林。

这就是软树蕨的世界。它原产于澳大利亚潮湿的东南海岸，其分布范围从昆士兰州东南部直到塔斯马尼亚岛。这一发源地正是其种加词*antarctica*（意为"南部"）及其英文俗名（Tasmanian tree fern，即塔斯马尼亚树蕨）的来源。重叠、辐射状的蕨叶形成令人印象深刻的浓密树冠，着生在厚厚的纤维状茎上，这些茎本身就是数百甚至数千种其他生物的家园——各种小型、微型甚至极小的动物和附生植物在软树蕨海绵状树干的褶皱与纤维之间竭力维持着生存，包括小型兰花、蕨类植物和苔藓等更显眼的居民。甚至树干下面的根丛也是动物的家园。例如，濒临灭绝的穴居小龙虾*Engaeus phyllocercus*是一种体长1英寸的红色或紫色甲壳类动物，其大部分时间都生活在维多利亚州潮湿沟渠中的软树蕨和其他蕨类植物下。

如果软树蕨森林让人联想起史前景象，那么这幅画面可能是最准确的了。树蕨最早出现在大约1.87亿年前的化石记录中，其生存时间是开花植物的2倍之久。恐龙如果不是食客的话，就是它们的同伴了。软树蕨并不是树蕨中最令人印象深刻的——20米高的诺福克岛树蕨是世界上最高的蕨类植物，也具有更大的蕨叶。但是，软树蕨可以长到15米高，树冠直径近6米，这仍然非常了不起，证明了这些古老植物的成功。尽管如此，人们认为蕨类植物较为原始，或者至少不如种子植物那么成功，这在很多方面都有体现。虽然树蕨可以长到很大，但它们的茎像所有的蕨类植物一样不能加粗生长，而茎需要支撑起由树枝形成的宽阔的树冠，就像开花植物和针叶树那样。由于蕨类植物是从孢子而并非种子繁殖而来的，所以它们并不能适应各种环境类型。孢子不是特别长寿，也不能在缺少充足水分的情况下萌发，这就是蕨类植物在潮湿的地方更常见，而在干燥的地方几乎不存在的原因。然而，由于水分充足，蕨类植物已经解决了遮阴的问题。

与所有蕨类植物一样，软树蕨的叶片被称为蕨叶。它们的展开面积和光合作用覆盖率一样壮观。从每一个螺旋状排列、上升和拱起的柄（叶茎）上，一片蕨叶由树冠向外完美辐射，一排排紧密的裂片略微向两侧下垂。蕨叶的每个初生分裂都被称为羽片（来自拉丁语penni，意为羽毛）。许多蕨类植物的羽片就是这样长的，分为简单的两列，排列在不分枝的叶轴两侧。室内生长的波士顿蕨（*Nephroplepis exaltata* 'Bostoniensis'）和常见植物多足蕨（*Polypodium*）都会产生类似这样的羽状叶。在软树蕨中，每个羽片都会发生二次分裂，沿着羽片柄的两侧着生一组叶状羽片。这些羽片的边缘都是深裂的，这样羽片看起来就像是整个蕨叶的缩影。在一些蕨类植物中，这些末次分裂可能会再次分裂，它们有自己更小的柄——称为小羽片（是的，这就是它们的名字）——甚至令人难以置信地分裂成四级结构。在每一个分裂层级上，羽片之间的空隙越来越小，从而使光合表面逐渐优化。蕨叶也被视为自相似性的模型，即相似的模式以越来越小的尺度表现出来。在数学中，这种模式被称为分形，而蕨类植物产囊丝钩的展开对称性经常被用来作为代表。

　　软树蕨和其他树蕨一样，地下具有坚硬的根状茎。根状茎是所有蕨类植物的共同特征，但在非树状的蕨类植物中，根状茎通常是一种地下结构，很少伸长。几乎所有我们熟悉的温带林地蕨类植物都遵循这种模式，然而在欧洲蕨（*Pteridium aquilinum*）和多足蕨等少数植物中，根状茎是一种在行进过程中扎根的匍匐结构——欧洲蕨的根状茎在地下，多足蕨的根状茎则沿着地表爬行。蕨类植物的根状茎上都长有蕨叶，蕨叶的下表面通常规则分布着孢子囊。在软树蕨上，羽片上每个裂片的边缘都有一个大麻种子状的孢子囊。尽管每个孢子囊直径只有1毫米左右，但每个孢子囊包含600～800个孢子，而成熟的软树蕨每年能够产生数千万个孢子。

　　处理过蕨叶的人都知道，蕨叶的柄通常呈纤维状且非常坚韧，特别是在其基部附近，柄上通常伴有粗糙的纤维状茸毛。这些毛状结构呈螺旋状排列，大多紧密地堆积在一起。在树蕨中，叶柄基部伴随着一层浓密的气生根和长毛，蕨叶掉落后，这些结构都会继续存在。它们会形成厚厚的环状物，保护着根状茎内部。如果树干倒下并被连根拔起，甚至在树冠从树干上脱落这种不太可能的情况下，根状茎也能令树蕨起死回生。在软树蕨中，叶柄基部几乎消失在柔软的棕色茸毛和气生根中，这也是其俗名"软树蕨"的由来。尽管该物种在澳洲大陆更为普遍，但在澳大利亚以外的地区，"塔斯马尼亚树蕨"是更为常见的叫法。

水杉

Metasequoia glyptostroboides

　　大多数（但不是所有）针叶树都是常绿植物。而在那些非常绿的针叶树中，有一些物种是温带世界最引人注目的树木。在针叶树中，落叶树种仅见于两个科。松科（Pinaceae）有落叶松属（*Larix*）。它们以其木材而闻名，但也以其秋季黄叶而闻名，也许只有亲缘植物金钱松（*Pseudolarix amabilis*）能超越它们了。顾名思义，金钱松的树叶在冬天落叶之前会变成令人惊叹的金色。

　　其余的落叶针叶树属于柏科，但是与树篱种植所用的常见常绿柏树相比，这三个物种（每个都是单独的属）的树叶明显有所不同，它们都有细小的针状叶生长在落叶小枝上。在落羽杉（*Taxodium distichum*）的美国和墨西哥变种以及中国的水松

（*Glyptostrobus pensilis*）中，其小枝沿着茎为互生。相比之下，水杉的小枝则为对生。与落叶松属植物一样，这些物种也有着独特的秋季树叶颜色，在落叶前呈现出橙色和古铜色。

那么，为什么有些树是落叶植物，有些树是常绿植物呢？毫不奇怪，这与物种在自然环境中适应并取得成功的方式有关。在全年都有利于生长的地方，例如潮湿的热带地区，植物大多是常绿的。在这里，树木没有什么理由大量落叶，因为它们全年都能发挥作用。在这样的条件下，常绿植物通常会长出健壮的叶子，并持续数年。与之相对，在干燥或寒冷的季节性气候中，生长出可以迅速丢弃的纤薄叶片通常具有生物学优势。但正如人们所料，不同物种的生存策略往往大相径庭。生长于温带气候的一些下层树种选择常绿树叶，以便在春、秋两季上层树木上的叶子较少时，能够从增多的光照中受益，但这些叶子必须特别坚韧和抗冻。大多数温带阔叶常绿植物能够在低光照水平下进行光合作用，而在高光照环境下生长的落叶树却不能。

至于水杉，在加拿大北极地区阿克塞尔海伯格岛的化石森林的落叶层中发现的水杉属树叶化石表明，该属物种曾经比现在的任何树木都生长得更靠北。已知过去至少存在三种水杉属物种，而阿克塞尔海伯格岛上可能有不止一种水杉，与水松、落叶松、山核桃、连香树和桦树一同生长。这里也曾经存在着一种奇怪的动物组合，包括鳄鱼、海龟和一种已灭绝的、类似犀牛的食草动物巨角犀（*Megacerops*）。这种五花八门的组合表明，北极附近曾有一段时期处在温暖的温带气候中，夏季的高光照水平对树木生长来说是最佳条件，而黑暗的冬天则并非如此。冬季落叶的习惯本来应是有利条件，目前该属的唯一代表因此一直保留着这种习惯。

水杉作为一种活体植物的发现是20世纪最伟大的植物学事件之一。1941年，日本古植物学家三木茂（1901—1974）发现了一种此前未知的类似红杉的针叶树化石，并将其命名为水杉（*Metasequoia*）。三木茂显然是在岩石中发现化石的，他也是在那里第一次看到北美红杉属（*Sequoia*）的材料，水杉因此而得名：*Metasequoia*源自希腊语，*meta*意为"在……之后"，*sequoia*意为"红杉"。这些化石来自中生代，距今超过1.5亿年，而这个"新"属被认为在150万年前就已经灭绝。

1943年或1944年，中国学者王战（1911—2000）在华中地区旅行时，得知湖北谋道溪一座小村庄里有棵奇怪的树，于是绕道去采集标本。在无法对其进行充分研究的情况下，该标本被存放在植物标本馆内并被确定为水松。

三年后，更多标本被送到了中国著名的植物学家郑万钧教授（1904—1983）手中，他与以熟知中国植物区系而闻名的同事胡先骕教授（1894—1968）进行了讨论。胡先骕教授熟悉三木茂的古植物学工作，并辨别出这些标本正属于三木茂所描述的水杉属；1948年，他与郑万钧一同将这些标本鉴定为新物种水杉，定名为 *Metasequoia glyptostroboides*，并认可了该物种与水松属的相似性（其种加词 *glyptostrobides* 表示 *Glyptostrobus*-like，意为"像水松"）。《旧金山纪事报》记者前往中国报道了水杉的发现并将其英文俗名命名为 dawn redwood，而当时的媒体报道也将水杉称为"活化石"。

在水杉被发现时，原始的活水杉植株被一座寺庙包围，当地村民就称其为"水杉"，表明了它生活在潮湿的环境中，这很像其柏科的落叶亲缘植物。这一植株距今已经有400多年的历史了，虽然它还没有达到北美红杉的高度，但据推测它至少能长到50米高。1948年被引入西方后，植物园中的植株迅速发展壮大，长势旺盛并在短短几年内就能进行繁殖。这些首批引入的植株及其后代都没有达到预想中的最大高度，但两株原始母树（都在美国宾夕法尼亚州的长木花园）现在都超过了40米高。水杉已经成为一种受欢迎的树木，并且在城市绿化中也很常见，它精致的叶片和直立的外形非常适合受限的环境条件，同时它显然也具有耐污染的特点。

该物种也是世界记录保持者。在中国江苏的邳州市，有多达

100万棵水杉沿着47千米的主干道生长，成为世界上最长的水杉路。虽然水杉的野生种群有限，且在IUCN红色名录中被列为濒危物种，但它的广泛种植也预示着一个积极的未来。

银杏

Ginkgo biloba

对许多人来说，银杏叶的形象要比树本身更容易辨认。从壁纸到布料，从艺术印花到耳环，从饰品到文身，银杏叶经典的扇形造型被广泛应用于室内设计中。银杏叶以其独特的形状而闻名，并与银杏树本身共同象征着长寿、希望与和平。

银杏叶的独特之处不仅在于其形态，还在于其独特的脉序，其叶脉从基部呈放射状，有时分裂，但从不像大多数维管植物那样形成网状结构。在阳光下拿起一片新鲜的银杏叶，这种特点就会立刻显现出来。

银杏在东亚广泛生长，人们认为其学名*Ginkgo*来自日语*gin kyo*，而*gin kyo*本身就源于汉语"银杏"，指的是它的球状果实。银杏的另一个常见英文俗名鸭脚树（maidenhair tree）则是以叶片形状命名的，因为其叶片看起来有点像铁线蕨（*Adiantum capillus-veneris*，英文俗名为European maidenhair fern）的小叶。银杏的种加词*biloba*指的是叶片通常在前端有不同程度缺口，因此呈双裂的（bi-lobed）。不过这种特点在不同个体之间差异很大，有些叶子完全没有裂片。银杏树从浅绿色开始生长，在秋天变成奶油黄色，然后迅速凋落，有的树木通常在几天内就会迅速落光叶片，尤其是在霜冻之后。落叶的堆积通常会在树下的地面上形成引人注目的图案。

虽然银杏叶很宽，表面上与开花植物相似，但银杏其实是一种裸子植物，其生殖结构具有裸露的胚珠。

银杏科（Ginkgoaceae）仅有银杏一个物种，其在进化分支上与松柏亚纲、买麻藤亚纲［主要是买麻藤、麻黄（*Ephedra*）和百岁兰（*Welwitschia*）］以及苏铁亚纲最为接近，但仍有一定差异。银杏的化石可追溯到2.7亿年前，当时银杏生长在北美、欧洲、澳大利亚和亚洲。那是裸子植物更为多样化的时代，而开花植物尚未开始进化。这一群体现在规模已经有所缩小，大约包括650种松柏亚纲植物、350种苏铁亚纲植物、100种买麻藤亚纲植物和1种银杏；即使在全盛时期，银杏属也可能只有6个物种。

虽然大多数裸子植物都有球果而银杏没有，但它的种子仍然与众不同。银杏种子在夏天是绿色的，成熟时变成金黄色，秋天掉落到地上。外种皮（即肉质种皮）在与地面接触后不久就开始腐烂，产生惹人干呕的强烈气味。当种子表皮被擦伤时，由丁酸引起的气味会加重，因此最好避免直接处理种子，尤其需要注意的是无论如何清洗，臭味都会在皮肤上持续存在数小时。然而，从生长的角度来看，银杏通常是雌雄异株的，即雌雄结构分别出现在不同的树上。因此，优选的雄性克隆植株可被鉴别并繁殖，这在某种程度上是西方国家种植银杏的标准流程。雄树很少会长出雌枝——这是为了生存而进行的一种巧妙的适应，但对于毫无防备的园丁来说，这可能是一种不幸。然而，树木通常需要20～30年的时间才能成熟，而且似乎需要更长的时间才会发生性别转变，这有助于最大限度地减少秋天难闻气味出现的可能性。至于银杏种子为什么闻起来这么臭，这很可能是因为某种史前动物被这种味道所吸引。动物摄入的种子会通过肠道排泄出来，在一堆合适的有机物质中发芽。

烤银杏果在东亚备受青睐，并被应用于传统医学中，治疗包括呼吸道、泌尿系统和阴道疾病在内的多种疾病。不过，银杏种子中也含有与漆树及其亲缘植物所类似的化合物，并能引发过敏反应。人们通常只在过量摄入时才会出现问题，但每个人的个体反应不同。有些人在过量摄入后的数小时内可能会呕吐甚至失去意识。

虽然在东方，银杏的药用方式主要是利用其种子（尽管其毒性明显），但在西方，银杏叶提取物更多被用作记忆改善剂而使用。据推测，其益处至少部分来自银杏叶中发现的黄酮类化合物——这是一种多功能的化学物质，可以影响花朵颜色和植物抗病性，而且本身就是抗氧化化合物。银杏叶通常在黄酮类化合物含量最高的时候采摘，也就是树叶在秋天开始从绿色变为黄色的时候；而另一种流行产品银杏叶茶则需要在春天进行采摘。

银杏叶提取物主要用于老年人，以帮助集中注意力和精力，以及治疗抑郁症、提高学习能力甚至改善循环。其健康益处肯定来自叶片中含有的另一类化学物质——萜类化合物，可作为血管扩张剂。扩张的血管很容易为大脑和其他器官提供氧气。与过量食用种子不同，该提取物几乎没有公认的副作用。银杏叶提取物确实是欧洲部分地区的主要处方药之一，在美国也很受欢迎。尽管如此，但目前还是很难证明它除增加血液流量之外的功效，而且它在科学界的声誉也存在一些争议。

银杏树本身和受欢迎的银杏叶一样为人尊敬；该物种在中国、韩国和日本已经种植了数千年。银杏通常与佛教寺庙有关，寺庙中可见 1 000 多年前的古银杏树。银杏在西方也早已被种植；它于 18 世纪初传入荷兰，并借此传播到欧洲和北美。这种植物对无情的城市环境的耐受性令其被广泛用作行道树，而且它对昆虫、真菌感染甚至炸弹爆炸都有很强的抵抗力。1945 年第二次世界大战结束时，一些银杏树在广岛原子弹的轰炸下仍幸免于难，而它们的种子已被传播到世界各地，成为具有象征意义的"和平树"。

虽然银杏现在在温带地区广泛种植，但它在野外极为罕见，直到最近还被认为已经灭绝。然而，人们在中国东部和西南部都发现了假定的野生种群，有可能还会存在更多的天然银杏林。然而，像所有裸子植物一样，银杏是幸存者，它的耐受性是一种重要的资产，使其比大多数植物都能生存得更久。多亏了当今银杏的流行，这使它的未来一片光明。

亲密关系

> 生存下来的物种不是最强壮的，也并非最聪明的。而
> 是最能够适应改变，在现有手段范围内生活并合作应对共
> 同威胁的。
>
> ——查尔斯·达尔文

人们对最佳关系的定义通常是了解对双方互相都有价值的内容。这与我们在植物世界中观察到的互利共生没有什么不同，但植物与昆虫的关系已经没有必要讨论；几百万年来的进化通常将这些关系磨合到了极高的效率。随着植物生长，昆虫在它们身上开始营业，两者实现共同繁荣。然而，正是细节吸引我们关注这些关系，而且往往是经过细致调整的密切关系所带来的意外结果。例如，无花果需要小蜂。（如果没有无花果叶，我们可能就没有衣

服穿。）对于深裂号角树、牛角金合欢和美国梓树的叶片，蚂蚁是主要搭档，但它们绝对不是这些生态系统中唯一的动物。心叶微萼棯和香松豆确实依赖它们的动物伙伴，就像动物依赖这些物种的叶子一样。动物和树叶在复杂的舞蹈中彼此牵连，但我们看到的究竟是关系的开端、发展还是结局？

无花果

Ficus carica

　　无花果以其果实而闻名，几千年来一直被广泛种植；它被认为至少在 1.13 万年前的前陶器新石器时代就生长在黎凡特。自从长期适应了地中海地区的环境以来，无花果就是一种因有意传播而难以确认其自然生长范围的树木。西北欧温暖地区的无花果生长着可食用的果实（即使这些果实不一定是最好的），如今地中海盆地以外的国家，包括美国和巴西，也是主要的无花果生产国。

　　除了它的果实，无花果的叶子也因其用途而受到公认，包括作为遮盖物而使用。据说亚当和夏娃在意识到自己赤身裸体后，"便拿无花果树的叶子，为自己编作裙子"（《创世记》3：7）。在过于注重礼节的时期，无花果叶在艺术作品中被用来保持裸体人物的端庄。当维多利亚女王在英国维多利亚与艾尔伯特博物馆的铸铁庭苑中看到米开朗基罗的《大卫》雕塑复制品时，她对其正面的全裸形象感到震惊，并委托该雕塑的铸造师克莱门特·帕皮（1803—1875）制作一块无花果树叶模型以遮挡敏感区域。半米高的石膏模型悬挂在雕塑上，依赖挂钩来遮挡大卫的生殖器，以避免女王和其他来访贵宾的尴尬。

无花果是桑科（Moraceae）的一员，桑科植物包含约1 180个物种，其中近四分之三属于榕属。榕属的共同特点在于其独特的花序，即隐头花序，它是一个肉质、凹陷的囊体，内部着生着微小的花。单朵的无花果花是单性的，但是隐头花序可以是雄性、雌性或雌雄同体的。雌花有两种形式：所谓的瘿花（较短）以及可以产生种子的雌花（较长）。瘿花被小蜂寄生，后者将卵产在子房中，而后子房便成为小蜂幼虫的宿主。在可以产生种子的雌花中，小蜂无法到达子房，使雌花可以在成功受精后结实。在无花果中，带有雄花和瘿花的花序所产生的果实是干瘪且不可食用的，这些果实被称为野生无花果；只有那些有种子的花才能生产可食用的无花果。

尽管榕属在森林生态系统中非常重要，且深受鸟类和灵长类动物的喜爱，但大多数榕属对人类来说都是不可食用的，在这方面，无花果是个例外。它在地理分布上更为常见，在远离热带的地区生长，而热带地区则是其他榕属的自然产地。有几种常见的榕属可作为室内植物种植，而气候变化可能很快就会让我们见证更多的物种在迄今为止较冷的地区成功生长。

无花果树是一种中等高度的树，但可通过根蘖进行营养繁殖，所形成的植株扩散范围之广要比其高度大得多。无花果为落叶植物，叶片通常有3～5浅裂，但也可能不分裂。事实上，无花果树叶的裂片不同寻常，因为大多数榕属树叶显然都没有裂片。然而，在包括桑属本身的其他桑科成员中，经常可以观察到一个物种内，甚至是个体植株内的差异化裂片。无花果叶很厚，其上表面粗糙如砂纸，覆盖着短而硬的茸毛。人们已经对无花果进行了一些品种选育，通常是追求其果实的品质，但品种之间的叶片形状差异也很容易观察得到。

像所有的榕属一样，无花果全株含有乳液，尤其是在叶子上；这一点很容易通过切断叶茎，或者在树枝上的着生处折断一片叶子来观察到。在植物界，乳液存在于40多个科的2万多种植物中，是天然橡胶的主要成分［虽然流行的室内植物印度榕（*F. elastica*）被称为橡胶榕，但天然橡胶的商业来源则是大戟科（Euphorbiaceae）的橡胶树（*Hevea brasiliensis*）］。乳液在被称为乳汁器的分泌细胞中受到压力后，便从新鲜的伤口渗出，暴露在空气中后变得黏稠并凝结，与动物血液类似。虽然在无花果和其他几种植物中，乳液看起来是白色的，但它也可以是透明的，或者就像在大麻（*Cannabis sativa*）中一样呈现黄色、橙色甚至红色。铁线子（*Manilkara*）的乳液也被用于制作口香糖，而清漆也来源于乳液（见漆树，第185页）。

乳液是由于受伤而渗出的，其产生与植物对食草动物的防御有关，因此乳液对潜在的捕食者而言通常是有毒的。在无花果中已鉴定出可阻止蛋白质消化的化合物，以及能主动降解几丁质的酶，几丁质则是昆虫肠道和致病真菌细胞壁的重要组成部分。至少在一些植物中，乳液也有助于防止伤口进一步感染。橡胶树同时具有这两种功能，它能产生凝结的乳液来密封伤口，但也能粘住任何潜在的昆虫捕食者的嘴巴。在无花果中，人们认为乳液的主要作用实际上是促进伤口快速愈合，而不是阻止食草动物。同时实现这两个目标真是令人印象深刻的壮举！

对人类来说，接触乳液可能会导致皮肤刺激，但无花果乳液至少在10世纪就被用作药物。无花果树叶的乳液中含量最高的几种化合物，同时具有抗氧化、抗真菌和抗病毒特性。不出所料，无花果叶也被用作动物饲料。也许更令人惊讶的是，在阿尔及利亚，无花果乳液和菜蓟（*Cynara scolymus*）的提取物被用于制作手工奶酪。

香松豆
Colophospermum mopane

　　香松豆是一种中等大小的灌木状树木，分布在非洲南部和中部的大片地区，并通常在那里形成纯林。它是该地区最有价值的树木之一，具有生态、经济和社会意义。香松豆属（*Colophospermum*）属于豆科，香松豆也是该属的唯一成员。它具有非常独特的蝴蝶形叶片，有时也被比作骆驼的脚印。与几乎所有的豆科植物一样，香松豆的叶片是复叶，从植物学上来讲，它具有双小叶。虽然这在豆科中并不独特——羊蹄甲（*Bauhinia*）也具双小叶——但这种叶片形态确实很罕见。香松豆的两片小叶在其基部相连，着生在一根细长的叶柄上，叶柄上还有一个小尖——那是退化的第三片末端小叶。香松豆的英文俗名及其种加词*mopane*就来自津巴布韦修纳语中的蝴蝶。

香松豆是干旱落叶植物，会在干燥的冬季落叶。随着春季雨水的回归，新叶在变绿之前呈现红色。与豆科植物的典型情况一样，香松豆的小叶会折叠起来，限制蒸腾作用造成的水分损失，以应对热量和风。对这些树木来说这是一种实用的机制，但小叶的折叠会减少树木给路过的动物或人所提供的一点点阴影。对动物来说，更重要的是叶片的蛋白质含量，即使是从香松豆树上掉下来的叶子，其蛋白质含量也很高。香松豆树叶实际上是非洲象（*Loxodonta africana*）的一种季节性主食，这也许正是一些香松豆树林永远不会超越灌木林规模的原因，尽管它们具备发展为树木的潜力。

被大型哺乳动物取食的树木通常具有茎刺或叶刺，以阻止大规模落叶。相比之下，香松豆采用化学方法来避免叶片的光合潜力被大象完全破坏。为了防止叶片被取食，树木会从根部向嫩枝、种荚和叶片释放出丰富的酚类和单宁混合物，从而使这些组织很快变得难以下咽。虽然这在单个植株水平上已经足够有效，但香松豆并没有就此停止，而是继续向空气中释放化学物质。这些芳香化合物会向邻近的香松豆树发出警告，提醒同伴叶片将被吃掉，而作为回应，接收信号的香松豆树会将单宁释放到叶片中。这确实是一种睦邻现象，但并不总是适用于香松豆群体，因为芳香化合物警告的有效性取决于风的强度和方向。大象显然已经意识到这一关键细节，当香松豆在顺风中传播信号时，大象就逆着风稳定地移动，在食物变得不太可口之前尽可能地多享受几片树叶。

人类与香松豆的关系可能更加复杂，这涉及树上的另一种叶片捕食者——香松豆蛾（天蚕蛾属，*Gonimbrasia belina*），它们成千上万地栖息在香松豆树上。冬季结束时，飞蛾将卵产在树叶上，孵化出香松豆蛾的幼虫。这些幼虫非同寻常，其雪茄大小的身躯已经适应了可以阻止大象以及其他食草哺乳动物的化学物质，能够解毒并贪婪地进食。虽然香松豆蛾幼虫会令整棵树失去叶片，但它大约只活动6周时间，这使得树木在每年的生长周期再次开始之前能有时间恢复。

灰白色、斑点状、多毛且有点刺的香松豆幼虫往往不是鸟类的目标，而是人类的目标。这些幼虫富含蛋白质、脂肪和维生素，是非洲大部分地区的重要食物来源。从野外采集的香松豆蠕虫具有重要的经济意义，曾经是当地经济的一大问题，而现在已经成为一种国际贸易。然而，不断扩张的产业需要付出环境代价，导致种群数量严重减少，为了采集栖息在树上的幼虫，更多的树木被砍伐。确保可持续采集的计划无疑将变得越来越重要。

在传统上，香松豆幼虫是通过煮沸和腌制来保存的，而后被晒干或烟熏以获得额外的风味。在工业规模上，香松豆幼虫由盐水腌制并罐装，在非洲南部的超市里销售。它们可以作为零食干吃、浸泡在酱汁中或加入炖菜中与蔬菜一起炖，甚至加入玉米粥中食用。新鲜的香松豆幼虫也会被食草动物吃掉，甚至可能被年迈的狮子"猎食"，以满足对快速而简单的食物的需求。

香松豆幼虫也不是香松豆树上唯一的"产品"。另一种非洲野生蚕蛾Gonometa rufobrunnea也非常喜欢在香松豆树上结茧，其茧可用来制丝。非洲野蚕丝最常见的来源就是与之相关但稍经品种选育的卡拉哈里野生蚕蛾（Gonometa postica）。香松豆也是香松豆木虱（Retroacizzia mopani）的宿主，后者是一种仅靠香松豆树叶为生的吸汁昆虫，并且可以在叶片上产生一种被称为"香松豆甘露"的甜味蜡状覆盖物，人类和其他灵长类动物都可以收获并食用该物质。

香松豆的叶片以及其他部分也广泛用于传统医学。在非洲的一些地区，咀嚼过的叶片纤维被用来止血，而煎煮叶片的汤剂被用来治疗头痛。树根和树皮用于治疗人类的消化系统疾病及牙龈出血，以及家畜的四肢肿胀。香松豆种子具有一种类似松树的独特气味，这种气味来源于许多针叶树（其中一种常见树是松节油树）都具有的化合物α-蒎烯，而不少精油就是由此提取并用于药物和香水。香松豆种子也以其抗菌特性而闻名，但正是它们奇特的表面刻纹让人联想到人类的肠道，才使该属得名

（*Colophospermum*意为"与结肠有关的种子"）。

该物种的另一个地方俗名是"铁木"（ironwood），因为它的木材致密坚硬。难以置信的坚韧程度和防白蚁特性使得这种木材用途十分广泛，并大量用于房屋建筑、家具、装饰品和乐器。香松豆树皮被用来制作麻绳，细枝则被用来制作牙刷。很少有树木像香松豆这样对人类和野生动物同样实用，也没有生物化学上的狡猾特性。要是大象能忘记这件事就好了。

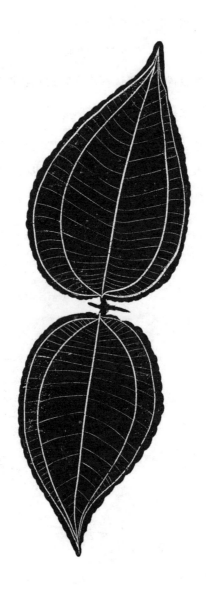

心叶微萼梣

Dichaetanthera cordifolia

野牡丹科（Melastomataceae）由大量的草本、灌木、攀援植物和树木组成，有200多个属，近5 000种。该科植物为泛热带分布，其生物多样性中心位于美洲热带地区，约三分之二的物种都分布在那里。野牡丹科植物也生长在非洲、亚洲和大洋洲，有几个物种用于木材、装饰品、染料，在某些情况下还可食用。野牡丹属（*Melastoma*）以该科命名，其属名意为"黑嘴"，指的是食用某些野牡丹属物种的果实可能会导致染色。对于温带地区的园丁来说，最熟悉的野牡丹科植物是一种夏季花坛植物。艳紫光荣树（*Pleroma urvilleana*）通常在夏季被移栽到室外，冬季则在温暖的温室里越冬。这是一种独特的灌木，有着天鹅绒般的宽大叶片和令人难忘的深紫色巨大花朵。

尽管在植物界的许多情况里，确定植物属于哪一科需要花和果实的存在，但野牡丹科的叶片特征实在太明显了，因此仅凭这些特征就可以很容易地将它们识别出来。典型的野牡丹科植物叶片交互对生，每对叶片都与上下两对呈交叉排列。2～9条突出的主脉从中脉两侧的基部向外拱起，然后在叶尖逐渐汇集，此外有几条较小的平行脉与之垂直。这些次脉明显呈梯状，在几何上令人赏心悦目。花的性状稍有变化，但大多数野牡丹科植物都有深粉色、紫色、红色或者偶尔白色的花，突出的雄蕊顶端往往有很大的花药。

考虑到马达加斯加的植物多样性，野牡丹科植物在这里的代表性如此之高或许不足为奇。马达加斯加岛原产的野牡丹科植物有12属321种。与马达加斯加惊人的特有分布比例相一致，其中3属317个物种为该岛的特有种。虽然马达加斯加植物种类的特有比例约为80%，但野牡丹科植物的特有程度甚至更高，达到令人难以置信的98%。

微萼稔属（*Dichaetanthera*）植物虽然不是马达加斯加的完全特有物种，但其生物多样性中心位于该岛，该属35个物种中有28个为该岛的特有种。在马达加斯加未发现的其他物种则原产于非洲大陆。

微萼梫属最著名的植物是心叶微萼梫，在当地被称为trotroka或tsingotrika。这是一种矮小的树，有时也只是一种灌木，其特征是5～7条标志性的叶脉从圆形或心形的叶片基部延伸出来。其种加词*cordifolia*表示心形（cordate）叶基，这在粗壮的茎叶上尤其明显。像所有的野牡丹科植物一样，其叶片沿着茎对生，最外面的主脉靠近叶缘。茎和叶茎上覆盖着一层金色的柔毛，叶的下表面有类似于簇毛的微小鳞片。心叶微萼梫生长在马达加斯加中部和东部，会在旱季落叶以防止水分流失。尽管马达加斯加东部雨林中很少出现落叶现象，但这是岛上更西部地区植物普遍采取的机制，那里的干燥森林从5月到9月都没有明显的降水。在雨季开始时，叶子生长后不久，粉红色和白色的花朵就会在树枝顶端形成圆锥花序。

　　和所有的野牡丹科植物一样，心叶微萼梫的叶子和花朵通常都很吸引人，但该物种最值得注意的是它与一种著名昆虫长颈象鼻虫（*Trachelophorus giraffa*）之间的关系，而长颈象鼻虫和它的宿主一样是马达加斯加的特有物种。作为一种雌雄异形的物种，它的英文俗名giraffe weevil以及种加词*giraffa*指的是雄性昆虫异常长的颈部；其颈部大约是身体长度的2倍，是雌性昆虫颈部长度的2～3倍。这种适应性被认为在筑巢时十分实用，但也会用于战斗，因为雄性竞争对手会争夺雌性昆虫的注意力。

长颈象鼻虫不仅以心叶微萼桉的叶片为食，而且雌虫也会以特别复杂的过程在叶片上产卵。雌虫先在叶子上夹住叶脉，留下小折痕。在交配后，雌虫开始用腿折叠并卷动几倍于自身大小的叶片，直到将其整个卷起。在这个卷动过程中，雌虫会产下一枚卵。雌虫把卵包裹起来，将树叶从树上切下并落在森林地面上。幼虫在孵化后会吃掉整个发育过程中将其包裹的叶片，长成成年长颈象鼻虫。

长颈象鼻虫也会利用同属的另一种植物树状微萼桉（ *D. arborea* ），但已知没有其他植物可支持其繁殖。这两种植物是仅有的两种适合长颈象鼻虫筑巢的植物，也属于马达加斯加岛上目前尚未被认为有灭绝风险的少数植物。考虑到长颈象鼻虫完全依赖于它的宿主，如果这两种植物消失，长颈象鼻虫也会迅速消失。

深裂号角树
Cecropia pachystachya

　　生物多样性对植物来说是个挑战。对水分、光照和空间的争夺，以及对病虫害的防御，都可能相当艰难。与世界各地的热带森林一样，南美洲中部和东部（深裂号角树的原产地）的热带森林是世界上差异最大、生物最丰富的陆地环境之一。但在这些生物多样性环境中，生存的压力却是巨大的——总有人想把你当作午饭。

　　号角树属（*Cecropia*）是荨麻科的热带树木，原产于南美洲、中美洲和加勒比热带地区。该属约有60个物种，都很容易识别。它们的茎非常直立，大部分没有分枝，只有少数像烛台一样的树枝朝向树梢。号角树属长有巨大的叶子，轮廓呈圆形，分成多达20个宽大且顶端呈圆形的掌状裂片。叶柄靠近叶片的中心着生，即盾形叶。虽然叶片沿着茎对生，但它们均匀地呈伞形在茎尖周围伸展。

Embaúba是深裂号角树的巴西名称，它在某种程度上也是这种号角树属植物的典型形态。它生长在阿根廷北部、巴拉圭和巴西南部的潮湿森林中，高达25米。幼苗的叶片上有一些宽的裂片和相对较浅的缺刻（裂片之间的间隙）。在这个阶段，它看起来有点像八角金盘（*Fatsia japonica*），但较老的树木会逐渐长出更大的叶子，长达60厘米。成熟叶片具有更多的裂片和更深的缺刻，以及明显更长的叶柄。叶片上表面呈有光泽的绿色，但叶柄和叶背面覆盖着一层乳白色的茸毛。叶柄基部是一对特化的永久托叶。在大多数有托叶的植物中，托叶是绿色叶状、通常成对着生的附属物，且随着叶片的生长而脱落。在深裂号角树中，三角形的托叶被一层类似绒面革的棕色短毛所覆盖，水平生长在叶柄基部。这些短毛中有细小的白色结构，是一种被称为缪勒体的变态毛。虽然这些棒状的毛发很难引起人的注意，但几乎所有的号角树属植物都有这种结构，并在这些树的成功之路中占有重要地位。

号角树属植物是雌雄异株的（也就是说，有单独的雌树和雄树），主要由风媒传粉。雌树结出肉质甜美的果实，很容易被包括树懒和蝙蝠在内的各种鸟类及哺乳动物吃掉；动物是号角树种子的主要传播者。深裂号角树是先锋树种，能够适应受干扰的开放环境。这种树生长迅速，树冠相对狭窄，至少在生长的最初阶段不会投下太多阴影，从而允许其他植物在其周围生长。如果被周围的植物覆盖，深裂号角树的寿命则相对较短，因为它是一个不耐阴的物种。然而，如果允许其充分发挥潜力，它可以成为一种有价值的木材，生产大量轻质、易加工的木料。在许多植物中，一种先锋生态系统配上大量由动物散布的种子，往往有可能成为入侵物种。虽然深裂号角树不像其他一些号角树属物种［尤其是号角树（C. peltata）］那样具有破坏性和大体量，但它现在日渐被认为是夏威夷、新加坡和爪哇等许多热带岛屿上的入侵物种。

深裂号角树的叶子被广泛用于传统医学。人们认为用深裂号角树的树叶泡茶可有效解决上呼吸道问题，并有助于缓解口腔溃疡。这种茶也被认为可以降低血糖；因此，它是一种治疗糖尿病的常见民间药物。整片叶子能被用来包裹瘀伤和更严重的伤口，据说还具有止痛、防腐和抗炎作用。深裂号角树会产生一种腐蚀性的黏液，这种黏液是疣和老茧的局部治疗药物，在其原产地也被用来制造胶水。黏液主要在树枝顶端产生，在保护芽免受食草动物（主要是树懒）取食方面有一定的效果。利用深裂号角树的不同部位进行治疗的方法很多，但西医尚未证实其疗效。

虽然深裂号角树的树状习性和叶形很独特，但这些并不是荨麻科的典型特征。荨麻科以刺毛而闻名，如异株荨麻（见高大火麻树，第179页）。号角树属没有这样的茸毛来保护自己，但它们采用了其他的方式。深裂号角树和几乎所有的号角树属植物一样，是一种蚁栖植物。巢蚁属（*Azteca*）的毒刺蚂蚁与号角树属相联合，可以保护它们免受食叶昆虫的侵害，甚至可以夹住可能正好横在叶子上的攀缘植物的茎。这些蚂蚁极力保护植物不受任何外来者的攻击。蚁共生（myrmecophily）意味着"爱蚂蚁"，不过你可以说这种感觉是相互的。但这是为什么呢？

　　号角树属植物和蚂蚁已经共同进化，彼此受益。首先，托叶上着生的缪勒体为蚂蚁提供了蛋白质、脂肪和糖的现成来源。只要托叶保持附着，这些食物奖励就能持续产生，但只有当巢蚁属蚂蚁存在时托叶才能保持。茎上靠近托叶的浅色小斑的位置是茎壁薄弱的部位。蚂蚁在这里打洞，这样它们就可以进入中空的内腔建立蚁群。如果蚂蚁挖掘树干的其他区域，它们就会遇到有毒的黏液，这些黏液可能会淹没蚁巢。因此，这种植物已经进化到能够为蚂蚁提供住所、特定入口和食物来源。第二种食物奖励即所谓的珠状腺，它生长于幼叶的叶片背面和叶柄上，为蚂蚁提供了一种略有不同但同样营养丰富的食物。这似乎鼓励了蚂蚁更频繁、更广泛的觅食行为，并且可能会进一步减少食叶动物的捕食，尤其是针对最嫩、最脆弱叶子的进食。深裂号角树当然是成功的，与其他树木相比，它较少受到藤蔓和食叶动物的困扰。正如俗话所说，一切都在实践的检验中。

　　适者生存一度是自然选择的流行口号，但似乎生命之争比曾经想象的要微妙得多。互利共生这种最聪明、最懂得合作的生物采取的生存方式，往往才能赢得胜利。

美国梓树
Catalpa bignonioides

　　梓属（*Catalpa*）属于紫葳科，这是一个主要由木本植物组成的热带科，且分布于世界各地。梓属植物具有心形叶片、分枝宽广的花序以及长而窄的荚果，因此被称为"豆角树"。美国梓树是该属中最常见的物种之一，其种加词来源于其与攀缘植物号角藤属（*Bignonia*）的花的相似性。

　　美国梓树原产于美国东南部的一小部分地区，而另一个物种黄金树（*C. speciosa*）仅天然生长在美国更北部的一小片区域内，这两种植物分别被称为北梓和南梓。在没有花或果实的情况下，这两种植物可以通过它们被碰伤的叶子的气味来区别开来——美国梓树会发出恶臭，黄金树则没有。加勒比地区共存在四种梓树，但其余三种或更多种则分布在东亚部分地区，其中包括灰楸（*C. fargesii*），其令人印象深刻的种荚可长达1米。

这两种原产于美国的梓属植物都远远超出了它们的原生范围，在大西洋两岸被广泛种植，人们经常能在欧洲的公园和花园里看到树龄较老的美国梓树植株（这个物种在原生范围之外的寿命不是特别长）。在伦敦市中心的国会大厦外就生长着经过支撑和修剪的植株，而在几座城市的郊区也可以找到成熟植株，它们的种植似乎是一种短暂的趋势。梓属物种的耐用木材已被用于北美的铁路枕木，近年来，由于其形状有些杂乱且落叶似乎有问题（它们的大叶子一旦掉落会阻碍人行道并造成排水不畅，因此更整洁、通常较小的叶子是行道树首选），人们有意回避使用这种木材作为装饰物。

美国梓树的落叶通常有餐盘那么大，往往在树枝顶端对生或以三片轮生，且其中一片叶子一般比另外两片小。幼小、苗壮的嫩枝会生长更大的叶子，在受到伤害或严重修剪时表现得更明显。这与泡桐属（*Paulownia*）中叶片相似的树种（被称为毛泡桐）具有相同的特征，尽管后者的叶片可能更大，有时可长达1米！

世界上没有懒惰的树，但美国梓树给人的感觉却有点懒散：春夏之交时，它的叶子通常生得很晚，这样可以很好地避免遭遇突发霜冻的风险；到了秋天，它的叶子也很早就落下了，没有展示出任何秋季的颜色。

然而，美国梓树并不乏味；仔细观察叶子可以发现一层薄薄的茸毛遍布叶片背面，尤其沿着叶脉分布，而在主脉和次脉的连接处则有花外蜜腺——这是一种与花无关的分泌花蜜的腺体。所有梓属物种都有这种花外蜜腺，腺体呈光滑、无毛的斑点状，可以是绿色、紫色或近乎黑色。蜜蜂经常光顾梓属植物的花朵，它们也会额外享受一些叶子分泌的花蜜。

许多植物可以由除花以外的部位提供花蜜，长期以来，生物学家都对这一话题非常感兴趣，《世界花外蜜腺植物名录》记录了100多个科的4 000多种植物。在不同的物种中，花外蜜腺出现在不同的部位，包括叶片、叶柄和托叶，以富含碳水化合物的食物吸引节肢动物，从而保护蜜腺附近的发育结构。

美国梓树吸引了高度社会化的蚂蚁到其叶片上活动，以提供针对梓天蛾（*Ceratomia catalpa*）的特殊保护。梓天蛾不是神话中的生物，而是一种仅以梓树为食的毛虫。虫害感染可能带来十分严重的后果，植株或许会因此完全落叶。所有种类的梓树都是易感的，所以它们都拥有花外蜜腺，这是防御的关键来源。当它们的叶片感觉到梓天蛾毛虫的伤害时，花蜜的产量会显著增加，在受到攻击的区域尤其明显，从而吸引更多的蚂蚁到这些叶片上。蚂蚁充当起保镖，并且热衷于保护自己的食物来源，它们很快就开始驱赶梓天蛾毛虫。

除了拥有蜜腺，美国梓树的叶子还逐渐形成了防御化学物质，包括储存在细胞内的环烯醚萜苷类化合物。其中一种化合物被称为梓醇（catalpol），正是因梓树属而得名；虽然它存在于几种植物中，但最初是在梓树中发现的。一些环烯醚萜苷类化合物具有苦味和抑制潜在捕食者生长的特点，因而能起到抗摄食作用（例如印楝中的印楝素，见第49页）。然而，环烯醚萜苷对食草昆虫有效，却并不能阻止毛虫，后者可能会在体内积累梓醇浓度，进而阻止自己的捕食者，人们已经在其他食用富含梓醇叶片的毛虫身上观察到这种现象。一种名为Catambra的园艺品种具有极高的梓醇含量，由于其具有驱虫的特性而在意大利被作为驱蚊树出售。

梓天蛾虽然是一种需要关注的害虫，但人们发现它可用于制造优良的鱼饵，在美国南部的一些地区，人们专门种植美国梓树来吸引梓天蛾（渔民将这种树称为鱼饵树）。对于这些树来说，这种生活很残酷，因为当树上的叶片被吃掉时，渔民也会用棍子击打树干和树枝，以此来驱赶并收获毛虫。树木能否每一季迅速恢复并长出叶片是衡量树木恢复力的指标之一，但持续的虫害胁迫和伤害确实会对植株产生持久的不利影响。

对美国梓树来说，幸运的是，在蚂蚁的助力之下，梓天蛾拥有一种天然的捕食者，有助于控制其种群数量。一种名为集盘绒茧蜂（*Cotesia congregata*）的寄生蜂会向毛虫注射使其丧失功能的毒液，然后沿着毛虫的背部产卵。在卵孵化之后它们就直接以毛虫为食，并最终杀死毛虫，尽其所能地维持刚好平衡的生态群落。

牛角金合欢

Vachellia cornigera

虽然梓树和号角树都与蚂蚁军团形成了高度特化的互惠关系，但它们在这种安排上远非独一无二；植物界中至少有四分之一的种类利用蚂蚁进行防御或辅助授粉。虽然豆科的一些成员有着富含生物碱的叶片，可以保护它们免受潜在捕食者的侵害，但考虑到该科的规模庞大，大约有1.9万个物种，因此其中存在一些蚁栖植物也并不奇怪。中美洲的牛角金合欢就是其中之一，和其他金合欢属亲缘植物一样，它同样会利用蚂蚁来保护自己，但这些老练的昆虫也一如既往地不会白白做事。

牛角金合欢是一种小型乔木，有时也只能长成灌木大小，具有宽阔的展开形态。它的突出特点可以说是每片叶子下面都有一对锋利的木质刺。严格意义上来说，这些刺是连在一起且木质化的变态托叶。刺的顶端略微扁平，相联合的基部则膨胀，呈红棕色或黄色。虽然它们能有效地防御植食性哺乳动物，但也能够为所谓的相思树蚁（*Pseudomyrmex*）提供虫菌穴。相思树蚁在多刺的虫菌穴内的空洞中产卵并养育幼虫。直到最近，大约有160个金合欢属（*Vachellia*）物种被归类于相思树属（*Acacia*）*；因此，常见于这两属的蚂蚁仍然保留着俗名。

与其他蚂蚁-植物之间的相互作用一样复杂，牛角金合欢与蚂蚁的关联起始于刚刚交配的蚁后发现了一株托叶尚未成熟且未被占据的植株。在后代工蚁的帮助下，它钻入这些托叶刺中并产下卵。随着蚁群的扩大，这些孵化的蚂蚁栖息在更大范围的多刺虫菌穴中，开始充当起树木的保护者。大约三年后，一处蚁穴可以容纳多达1.6万只工蚁，这些工蚁昼夜不停地在树的细枝上巡逻，准备抵御任何潜在的捕食者。对于体型虽小但意志坚定的蚂蚁来说，任何侵入者都不算太大，它们通常会在寻找食物时通过叮咬来驱赶那些侵入者，这会给后者带来痛苦甚至致命的后果。在极端情况下，它们如果在树的附近闻到了不熟悉的气味，便会在几秒钟内集体抵达现场，并处理掉所有过于接近植株的物质。它们

---

* 牛角金合欢又称牛角相思树。——译注

甚至会在植株周围的地面上搜寻并在这个距离就送走竞争者，无论对方是动物还是植物。牛角金合欢基干周围的"无杂草"环并不罕见。一旦蚁群达到3万只左右，一些蚂蚁就会扩散到附近的树上，但蚁后通常会留在原来的枝干上。

当然，全天候外出巡逻是一项艰巨的工作。作为对蚂蚁持续性安保工作的回报，牛角金合欢用食物来奖励蚂蚁，而食物就在蚂蚁所保护的树叶上。正如豆科植物的典型情况一样，牛角金合欢的叶子是复叶，而且是二回羽状复叶，在叶茎的次生结构上有多对小羽片。位于这些羽片尖端相分离的小尖被称为贝尔特体。贝尔特体也存在于其他金合欢属和相思树属物种中，是一种充满脂质、糖和蛋白质的小型结构。牛角金合欢的贝尔特体呈黄色或橙色，有时也呈红色。它们是以英国博物学家托马斯·贝尔特（1832—1878）的名字命名的，他描述了牛角金合欢与其保护蚂蚁之间的互利关系。

由于作为食物的贝尔特体对生长中的蚂蚁幼虫尤为重要，因此成虫会将其摘下并堆放在虫菌穴内供幼虫食用。成虫则以叶子的另一种款待为食——来自叶柄底部花外蜜腺的含糖液体。尽管花蜜不如贝尔特体所富含的蛋白质多，但它还是为蚂蚁的工作提供了充足的能量。

实验表明，如果没有这些蚂蚁，牛角金合欢的情况将相当糟糕。事实上，如果失去对方，两者都无法长久生存。由于没有了产生生物碱的能力（通常存在于其亲缘植物中），这些树需要某种其他形式的保护来防范食草动物，同样，蚂蚁也需要稳定的食物来源以及能够产卵和哺育后代的地方。

因此，这是一种成功的互利关系——但有一种捕食者显然不知道剧本，而且这种闯入者有能力避开蚂蚁，以其他物种无法做到的方式将树木作为食物。吉卜林巴希拉蜘蛛（*Bagheera kipligi*）是一种跳蛛，以鲁德亚德·吉卜林作品《丛林之书》中的黑豹巴希拉命名。像黑豹巴希拉一样，这种蜘蛛以其运动能力而闻名。它依靠自身的灵活性来充分利用蚂蚁与牛角金合欢的互利共生关系，在蚂蚁接近贝尔特体之前将其从羽片尖端抢走。吉卜林巴希拉蜘蛛甚至会在蚂蚁将贝尔特体运送回巢喂养幼虫时将其抢走。这些狡猾的蚂蚁躲避者在树冠上不太方便巡逻的地方闲逛，寻找下一顿免费的食物，让勤劳的蚂蚁白费工夫。从蜘蛛的角度来看，八条腿比六条腿更有优势。

这种特殊的跳蛛是最早记录在案的草食性蛛形纲动物之一，其分布范围恰好与蚂蚁所寄生的牛角金合欢及其亲缘植物相重叠。但它并不仅仅是素食主义者，如果有机会，它也会吃掉相思树蚁的幼虫。虽然复杂的互利共生关系对一些生物有效，但其他生物仍然选择了投机取巧的杂食主义。

定义景观

大自然可以如此抚慰饱受折磨的心灵。

——亚历山大·洪堡

很少有地方能像那些未受人类干扰的区域一样令人振奋，毫无疑问，这些环境正变得越来越罕见。北美洲的北方山地因其广阔而鲜有人类定居。在这里，颤杨占据了舞台的中心，甚至会为自己的叶片喝彩。改良景观在任何地方几乎都是常态，但如果景观建立良好，通常会被视为自然景观或未改变的景观。当景观中的植物因与众不同的构造，或者树叶的触感和光洁度而引人注目时，它们最终以被人类铭记的方式定义了景观。欧洲七叶树就是其中一种。它诞生于巴尔干半岛，被园艺界移植到欧洲各地，欧洲似乎已经成了它的故乡。三球悬铃木也是一位入侵者，不过我们有意识地邀请它来美化我们的城市和城镇，部分原因是它的树叶经久耐用。然而并非所有景观植物都受到欢迎。辐叶鹅掌柴和绢木都有美丽的叶子，但它们是有害杂木和代表阴险的提醒，警告我们人类终归无法控制、也从未控制过大自然。

辐叶鹅掌柴

Schefflera actinophylla

　　五加科（Araliaceae）由大约2 000种植物组成，包含丰富的乔木、灌木、攀缘植物以及一些非木本植物。该科植物分布在世界各地，包括一些相对不起眼的物种，如随处可见的洋常春藤（*Hedera helix*），但也有许多令人印象深刻的观叶植物，有几种还是带刺植物，包括台湾毛楤木（*Aralia decaisneana*）和北美刺人参（*Oplopanax horridus*），因其带刺的茎而得名。该科还包括人参（*Panax*），其根在民间医学中已经使用了几个世纪。

　　五加科中一些叶片十分引人注目的成员属于南鹅掌柴属（*Schefflera*），这是该科中最大的一个属，约有1 000个物种。南鹅掌柴属植物分布在南北半球的热带和亚热带地区，为常绿灌木和乔木，茎粗壮，分枝稀疏。南鹅掌柴属植物具有掌状复叶，叶柄通常特别长，轮辐状的次生叶柄由主茎的顶端成扇形散开。小叶本身大小不一，在一些热带物种中最大可延伸到半米以上；叶柄甚至可以是其长度的2倍。

辐叶鹅掌柴是所有南鹅掌柴属植物中最常见的一种，因为它是热带和亚热带地区常见的景观植物，热门的度假酒店周边就经常有它的身影；它同时也是一种好养护、耐阴的室内植物，在世界各地的办公室和购物中心里广泛使用。作为南鹅掌柴属植物，辐叶鹅掌柴具有中等大小的叶片和光滑的长圆形小叶，这些小叶着生在粗壮的叶柄上，其种加词 *actinophylla* 意为"有辐射状叶片"，这也是南鹅掌柴属所有植物的共同特征，而其英文俗名 umbrella tree（伞树）也同样适用于该属的所有成员。在其野生范围内，包括从新几内亚南部到澳大利亚北部的热带森林栖息地，辐叶鹅掌柴最开始为灌木形态，最终变成多树干乔木。这种植物也可以作为附生植物生长，栖息在其他树木或灌木上。作为附生植物，它们的根能够包裹住较小的宿主植物并使其窒息死亡，但该物种并非真正的寄生植物。

在自然界中，南鹅掌柴属植物很少有需要特别注意的害虫，主要是因为它有趣的化学特征。五加科所有植物的组织中都有独特的芳香化合物，它们大多闻起来有很重的常春藤味道，尤其是在修剪时。产生这些气味的芳香化合物绝大部分有毒，但通常并不严重。它们往往很苦，足以阻止那些可能造成威胁的野生草食动物继续采集大量叶片。然而，值得注意的是，辐叶鹅掌柴组织中存在刺激性的草酸钙晶体，这使得它们对哺乳动物非常危险，包括会碰到室内植物的宠物。这些晶体（针晶体）会卡在口腔组织中，并引起严重的疼痛和肿胀。因此，我们认为这种植物基本上不可食用。但不要告诉班氏树袋鼠（*Dendrolagus bennettianus*）——这种难以捉摸、濒临灭绝的有袋动物原产于澳大利亚昆士兰州的低地热带雨林，它们以这种树叶为食并且没有受到任何不良影响。

辐叶鹅掌柴是热带地区常见的野化植物，已经适应热带环境并在太平洋和加勒比岛屿以及加那利群岛等地大量生长。它能够快速建立具有入侵性的根系并在高产的土地上生长，对多种环境适应性强，尤其是它的种子能够由鸟类传播，这些特征都有助于该物种的扩张。当然，这也使它成为一种生命力强并广受欢迎的室内植物，尽管如前所述，有毒的叶子使它们不适合宠物以及有可能会咀嚼叶片的婴儿（但愿不会如此）。与家居装饰零售商出售的数百万株散尾葵、垂叶榕和香龙血树一样，辐叶鹅掌柴是一种容易快速生长的植物，常见于世界各地的大型观赏温室植物生产商。

小叶的排列方式以及叶片的位置使辐叶鹅掌柴和其他南鹅掌

柴属植物的光合表面积达到最大，同时减少自身遮阴。该物种对不同环境的适应性很大程度上是由于这种叶面的多样性。当春季新叶开始生长时，叶柄径直向上，而未展开的小叶向下垂下，远离阳光直射。叶柄角度和小叶朝向都是可变的，当植物受到热带阳光的充分照射时，叶柄往往较短，几乎直立，而小叶保持垂直，以避免热带阳光的全部照射。在阴凉处时，叶柄和小叶的角度通常会调整得更接近水平；室内生长的南鹅掌柴属植物就经常表现出这种生长模式。叶柄的长度也有一定的变化，特别是在遮阴严重的植株中，叶柄和次级叶柄通常会显著延长。与大多数其他五加科亲缘植物一样，南鹅掌柴属植物具有宽阔、扣紧的叶柄基部，当叶子自然脱落时，会留下一个巨大的菱形叶痕。叶片附着处的非凡尺寸是叶柄基部与托叶组织融合的结果，托叶组织会在叶柄两侧形成膜质的耳状边缘。

虽然通常吸引人的是南鹅掌柴属植物的叶片，但它们的花朵也同样值得关注。大多数物种在当季嫩枝顶端的头状花序中开有小花，辐叶鹅掌柴在这方面也不例外；不过，室内植物永远不会开花。辐叶鹅掌柴的花序格外引人注目，一个个花序直立向上，呈曲线型生长，酒红色的茎、芽和花十分闻名。这种排列使该物种有了另一个俗名：章鱼植物。花朵由各种蜜蜂和蝇类授粉，随后长出的紫红色浆果对吃果实的蝙蝠和鸟类特别具有吸引力。

南鹅掌柴属的属名*Schefflera*是为了纪念18世纪的波兰普鲁士医生和博物学家约翰·彼得·恩斯特·冯·舍夫勒（1739—1809）。尽管舍夫勒似乎从未到过欧洲以外的地方，也从未真正遇到过南鹅掌柴属植物，但他显然是一位备受尊敬的医生和植物学家，以其命名植物当之无愧。

欧洲七叶树

Aesculus hippocastanum

欧洲七叶树在欧洲分布广泛，非常普遍，以至于人们通常认为它是欧洲大陆大部分地区的原生植物。然而，事实上，它最初只生长在欧洲南部巴尔干半岛隐蔽山谷中的小部分地区。这种树之所以被人们熟知，是因为它自17世纪以来就作为观赏植物被广泛种植。就花而言，它是所有温带大型树木中最壮观的一种。在春天叶子完全展开后，花序像枝状大烛台一样着生在树冠上，并由蜜蜂进行授粉。夏天，一串串柔软多刺的果实接踵而至。这些果实最终会掉落并裂开，露出光滑的棕色圆形种子，成为游乐场上颇有名望的"板栗游戏"的原材料，深受孩子们的喜爱。在冬天，人们很容易通过拱形的大树枝来辨认欧洲七叶树，其树枝顶端有粗壮的细枝以及大而黏的芽。

欧洲七叶树在英国非常受欢迎，2017年它被评选为该地区最受欢迎的树木。它在西亚、印度和北美的部分地区也广泛种植，栽培和归化种群数量大大超过了其原生地巴尔干半岛；人们认为原生地的种群数量不超过1万株，而仅英国的欧洲七叶树就有近50万株。

和槭属植物一样，欧洲七叶树属于无患子科（Sapindaceae）中的七叶树亚科（Hippocastanoideae）。七叶树亚科植物与槭属植物最明显的相似之处是对生的小枝和芽，但无患子科的大多数成员的芽为互生，而且主要是热带植物，这都与前两者不同。

全球有十几种七叶树，而欧洲七叶树是唯一一种原产于欧洲的七叶树。其他物种生长于北美、南亚和东亚的部分地区。它们都有掌状复叶，而欧洲七叶树的复叶通常由七个大型的长圆形小叶组成，这些小叶的尖端逐渐变宽，然后突然变窄变短。七叶树物种都有明显的叶脉和齿状边缘。

欧洲七叶树是一种生长旺盛的树木，在最佳条件下，每年可生长近1米。它是最早在春天长出叶子的常见温带树木之一，并迅速呈现出惊人的新叶生长速度。碧绿的新叶和茎上覆盖着蓬松的橙色茸毛，但这些茸毛会随着叶片逐渐地展开和生长而脱落。200多年来，欧洲七叶树在美化环境中发挥着重要作用，成为深受喜爱的树木景观。可惜的是，尽管在春天给人以期待，但在欧洲大部分地区，七叶树的普遍形象是蔫乎乎的、看起来有些破败的树木，很快就过了最佳状态。到了七月或八月，秋天已经降临到这些美丽的树木身上，它们的叶子逐渐变为褐色并皱缩起来，开始掉到了地上。欧洲七叶树正受到一种小型潜叶蛾幼虫的攻击，这种蛾会在树叶中安家，对无助的寄主十分不利。

这种蛾的学名为*Cameraria ohridella*，于20世纪70年代在马其顿被发现，现在被称为七叶树潜叶蛾。从那时起，它便以惊人的速度在欧洲大部分地区传播，每年的传播范围可达100千米。在春天，雌蛾将卵产在叶子的上表面，刚孵化的小毛虫很快就会开始挖掘，以叶脉中的汁液为食。到了夏天，这会导致树叶上形成难看的棕色斑点，最终导致树叶过早掉落。

在温暖干燥的条件下，这种潜叶蛾一年最多可以繁殖五代，其中最后一代（可能还有一些是今年早些时候产下的后代）在落叶中以蛹的形式越冬，准备在下一年繁殖新一代。第二年春天，一旦新叶完全发育成熟，它们就有足够的食物可以吃了，所以这个周期又开始了。人们通常首先在低处的枝条上观察到虫害，而连续几代生存的潜叶蛾则以树冠上越来越高处的叶片为食。随着气候变暖，潜叶蛾能够产生更多的后代，在夏末被完全毁坏的树木变得越来越常见。一种推荐的处理方法是在冬季清除树下的落叶，从而消灭蛾蛹。尽管这在城市环境中可以实现，但在林地和野生环境中（包括潜叶蛾同样存在的七叶树的原生范围）并不现实，也几乎无法完成。

这种蛾类的影响仅因其季节性而减弱，大多数害虫在树木完成了每年大部分的光合消耗后才得以立足。尽管如此，据估计这种蛾类每年会减少40%的碳吸收，这足以最终损害树木的活力。受虫害胁迫的树木相对脆弱，其抵抗进一步疾病的能力也随之降低。果实生产会受到严重影响，受感染树木的种子有时只有正常种子的一半大小。小型种子对于玩"板栗游戏"的孩子来说当然是个问题，但对于野生物种来说，就更严重了；种子萌发通常受到限制，而那些"成功"的往往是最弱小的，不太可能自己成熟。受感染的树木也可能产生较少的雌花，这对繁殖构成了进一步的障碍。

如果叶片虫害还不够严重的话，七叶树还常被一种破坏叶片的叶斑真菌——七叶树球座菌（*Guignardia aesculi*）所感染。奇怪的是，由此造成的损害与潜叶蛾造成的损害相似，随着季节的推移，受感染的叶片逐渐长出斑纹并变形。这种真菌比潜叶蛾更适合潮湿的环境，在园林中也可以通过清除落叶来对其进行管理，因为落叶是感染性孢子的来源，但这也不能保证树木不会再次被感染。

欧洲七叶树不仅仅是叶子会受到疾病的影响。另一种令人担忧的流溢性溃疡病也是一个问题。感染会导致老树树干上的伤口流出难看的黏稠汁液，最终造成树冠的死亡。至少有两种生物会引起溃疡病——丁香假单胞菌（*Pseudomonas syringae* pv. *aesculi*），以及欧洲的疫霉（*Phytophthora plurivora*）。

尽管如今困扰着欧洲七叶树的害虫和疾病负担越来越重，但巴尔干半岛原生种群所面临的风险更大。山地旅游、野火和非法伐木等形式的人类影响对野生物种构成了重大威胁。欧洲七叶树目前已被IUCN红色名录列为易危物种，这种在传统上受人喜爱的树木无疑有着不确定的未来。

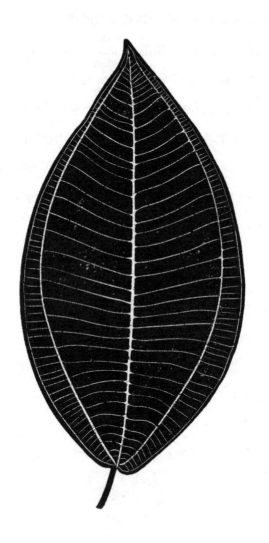

绢木

Miconia calvescens

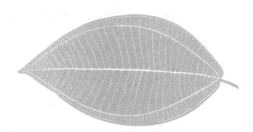

在园艺学中，对暴徒的定义是生长旺盛、会侵入开阔地的植物，并能在其入侵道路上击败一切。这是真正的空间入侵者。在南北半球的几处太平洋岛屿上，绢木是如此具有侵略性，以至于"暴徒"一词不足以描述它一半的恶行。绢木在20世纪初从新热带地区而来，现在已经成为广泛传播并被列入全球入侵物种数据库（包括动物和植物）的"世界百大外来入侵物种"之一。这确实不是一件光彩的事。

绢木是一种原产于中美洲和南美洲部分地区的小型乔木，其分布范围从墨西哥南部直到阿根廷，构成了森林下木层的组分。人们一看到它巨大的观赏性叶片，就知道它显然属于野牡丹科。

两条突出的叶脉从宽阔的中脉基部分叉并形成优雅的弧形，大致平行于叶片边缘，最终在叶尖交汇。主脉之间有阶梯状的横脉，很像心叶微萼椽的叶子；这是野牡丹科的特点之一。与心叶微萼椽不同的是，绢木的叶片非常巨大（可长达1米），在明亮的绿色背景下，白色的叶脉很突出。叶片的下表面呈绿色或紫色，而紫色叶片看起来特别高贵——就像天鹅绒一样——这也是绢木英文俗名velvet tree（天鹅绒树）的由来。其种加词*calvescens*大致可翻译为"变得醒目"。当叶子张大并脱落星状毛时，其表面由含蓄变得壮观。植物标本表明，绿色叶片的绢木主要分布在南美洲热带的大部分地区，而紫色叶片的植株分布范围最初仅限于中美洲的部分地区。

绢木一开始是由于其独特的叶片特征而获得栽培的，最早于18世纪中叶种植在欧洲温室中，而后在1937年作为一种外来热带观赏植物种植在塔希提岛（法属波利尼西亚）的一座植物园中。人们最早于20世纪70年代在塔希提岛的自然区域观察到绢木具有入侵性。该物种现在在岛上近三分之二的地区生长，在约四分之一降雨量充足的地区形成了密集、不间断的种群，并有可能取代近100种本地植物。绢木于20世纪60年代抵达夏威夷（因其观赏性而被有意引进）并被广泛销售，等到人们在20世纪90年代初发现其有害性时，一切都太晚了。夏威夷虽然不像马达加斯加那样物种丰富，但其物种特有程度与非洲岛屿相似，本土物种也同样容易受到伤害。自19世纪中期以来，令人担忧的是，夏威夷植物群的10%已经灭绝，其余物种则有一半以上被认为有灭绝的危险——入侵物种被视为主要威胁。与塔希提岛一样，在降雨量大的地区，本土植物最容易被绢木击败。

该物种在社会群岛和马克萨斯群岛（法属波利尼西亚）、新喀里多尼亚部分地区和澳大利亚昆士兰热带地区也具有入侵性。它已经适应了加勒比海部分地区的生长环境；虽然它在东南亚部分地区的状况没有得到完整记录，但它在那里造成破坏的可能性令人担忧。在亚洲的热带森林中，新热带地区原生的野牡丹科植物毛绢木（*Clidemia hirta*）成功地侵入了许多国家的封闭树冠森林。该物种在夏威夷也是个重大问题，同样被列入"世界百大外来入侵物种"名单。

绢木有几个特征导致了它的入侵性。它很好地适应了低光照水平，种子在等待树冠中的缝隙时，可以在接近黑暗的环境中发芽和生长。当机会到来时，它们能够迅速成长到可利用的空间，每年的增长超过1米。树长大后，其大而黑的叶子遮蔽了下方的一切，消灭了其他物种的幼苗。树叶下面的土壤随后变得裸露，因此在强降雨期间容易受到侵蚀。此外，绢木的根非常浅，这加剧了侵蚀的风险，增加了在不稳定地面上发生滑坡的可能性。

绢木在四五年后就达到性成熟，并开始开花和结果。它们也同样多产。一棵植株具有200多个花序，每个花序可以结200多个果实，每个果实中有大约200粒种子。除此之外，这种植物每年最多可以开花三次，你会发现它们每年有潜力产生的幼苗数量简直是个天文数字，它们也正是这样做的。毫不奇怪，绢木可以很快地改变整个生态系统。难怪它的另一个俗名叫作purple plague（紫色瘟疫）。这种植物的法语名称则叫作cancer vert（意为"绿色癌症"）。

绢木的果实经常被鸟类吃掉，它们也借助鸟类传播种子，这有助于植物的扩散。种子也很容易通过鞋底或轮胎运输，以及通过风和水传播。如果没有这些帮助，果实本身无法离开很远，它们往往会落在亲本植株附近。在茂密的林地中，这会导致种子的大量积累，这些种子可以在地面上存活近十年，如果为了消除绢木种群而移除成熟的植株，这些种子随时可能再次入侵。

因此，控制绢木的蔓延是一个巨大（而且代价高昂）的挑战，因为采取预期中的补救措施有可能使生态系统进一步失衡，从而使糟糕的情况变得更糟。在夏威夷和社会群岛，绢木被正在取食叶片的茶色丽金龟（*Adoretus sinicus*）盯上，这种昆虫本身就是现在广泛存于东南亚和太平洋岛屿部分地区的另一个入侵物种。茶色丽金龟的引入纯属偶然；它是随着为装饰或木材贸易进口的植物材料到来的。虽然这种甲虫能够剥下单棵绢木多达一半的叶片，但人们并不将其视为对绢木的重大威胁。不幸的是，这是对本地植物群生存的又一种挑战。在绢木的原生范围内，以果实为食的飞蛾限制了它的繁殖，但在新环境中尝试使用飞蛾作为生物控制的效用会带来更大的环境风险，类似的实验以前也被证明并不成功。尽可能将这些脆弱、受损的生态系统恢复到其自然状态是一项艰巨的任务，但这绝对是必要的。

三球悬铃木

Platanus orientalis

悬铃木属（*Platanus*）中有一个例外，它叶片宽阔，呈掌状分裂，看起来就像普通的槭属植物。事实上，植物学家及现代植物学命名法的创立者卡尔·林奈（1707—1778）因其叶片着生在一个平面上而命名了该属。他还为两种与悬铃木拥有相似性状的槭属植物命名。挪威槭（*Acer platanoides*）的种加词意为"平面状"，而欧亚槭（*Acer pseudoplatanus*）的种加词意为"假平面"。它们的叶片形态非常接近，在没有花的情况下，分辨这些常见树木的关键在于识别叶片的排列方式。

叶片，或者更准确地说是叶芽，呈对生、互生或轮生。槭属植物的叶片对生，而悬铃木属植物的叶片沿着茎互生。枫香树属

（*Liquidambar*）植物也有类似槭树的对生叶片。然而，大多数悬铃木的叶片有一个更独特的特征，让人可以很快将其与这两个属区分开来：悬铃木的叶柄（叶茎基部）明显隆起，并将来年发育的芽包裹在里面。悬铃木也有突出的托叶来保护发育中的叶子，但托叶在叶片完全长大后很快就脱落了。

悬铃木属大约有6～10个物种（这种模糊性是该属专家的分类观点不同所造成的）。大多数物种分布在美国和墨西哥的温带地区。该属有两个例外。栗叶悬铃木（*P. kerrii*）来自老挝和越南的热带地区，它的叶和芽没有被叶柄所包裹。东半球唯一一种原生于温带地区的悬铃木是三球悬铃木。然而，由于它的迁移次数太多，因此很难确切地追踪它真正的原产地。人们通常认为该物种的自然分布范围包括东南欧部分地区，向东至高加索地区，但其分布的最东和最西范围尚不清楚。

三球悬铃木获得有意传播的主要原因在于其作为遮阴树的价值。三球悬铃木是东地中海地区最大、最长寿的树木之一，拥有巨大、开展的树枝，自古以来就备受尊崇。事实上，人们认为公元前6世纪时，希波克拉底就曾在希腊科斯岛上的一棵三球悬铃木下教授医学。那棵树，或者至少是它的扦插条，如今仍然活着，是大树爱好者和医学界人士的朝圣之地。它的扦插苗在遥远的加拿大及新西兰等地繁殖和生长。

人们认为拿破仑在法国的道路上种植了悬铃木，这样他的军队就可以在树荫下行军，但事实上，悬铃木的大量种植可以追溯到16世纪亨利四世统治时期。

老普林尼曾提到，除了遮阴外，新鲜的三球悬铃木叶子在用白葡萄酒煮后可以治疗眼睛刺激。用其树叶调制的茶也被认为能有效治疗关节问题，植株的其他部位也被用来治疗各种疾病，但它作为遮阴树的作用远远超过了这些用途。这种植物的叶子总是呈明显的五裂，且通常为深裂，但这在某种程度上有所变化，其裂片深度和叶齿的程度经常显示出区域差异。

在西欧，最常见的三球悬铃木是杂交的二球悬铃木（英国梧桐，*Platanus × hispania*）的亲本植物之一。另一个亲本植物则是北美洲东部的一球悬铃木（*P. occidentalis*），也称为美国梧桐。虽然一球悬铃木的种加词*occidentalis*意为"西方"，但这是相较于三球悬铃木在东半球的分布而言，而不是指它在北美的分布范围。一球悬铃木是河岸林的组成部分，同时也是北美最高的阔叶树之一，因为它可以生长到50多米高。一球悬铃木有浅裂的叶片，而其杂交后代的叶片则介于双亲之间。二球悬铃木是欧洲最大的阔叶树之一，而最古老的植株至今还未停止生长，这种旺盛的生命力在各种杂交种中都很常见。二球悬铃木不仅能提供遮阴，它还因广泛的生态系统服务功能而受到重视。伦敦最古老的二球悬铃木植株之一生长在伯克利广场，其2009年的估价为75万英镑。

自18世纪末以来，二球悬铃木一直生长在伦敦及其周边地区，事实证明它对城市环境的容忍度极高。一些植株已经承受了超过两个世纪的微粒污染。考虑到在过去三个世纪里伦敦大部分地区的木材和煤炭燃烧产生的烟尘令人窒息，这并不是微不足道的负担。它们抵御空气中毒素的能力令人钦佩，这在很大程度上要归功于它们剥落的树皮，因为树皮的周期性脱落确保了皮孔能够保持清洁，以执行其气体交换的基本功能。然而，城市环境的有害效应确实会产生影响。空气中的污染物减少了叶绿素的产生，并缩小了叶片的尺寸。尽管悬铃木叶片的功能受到了影响，但其持久性仍然表现得很好。

没有一棵树是完美的，对一些人而言，悬铃木或许是个大麻烦。春天，萌发出的叶片上长满了细毛。当这些细毛随后脱落时，人们如果吸入细毛可能会导致呼吸困难，同样的问题也存在于衰老并分解的果实中。在潮湿的气候条件下，掉毛的问题不大，尽管几个世纪以来人们都知道有可能导致呼吸系统问题，但悬铃木一直被大量种植。时间会告诉我们，不断变化的气候是否会加剧这一问题，从而给城市规划者带来新的树木挑战。

除了树叶，二球悬铃木上丰富的花粉也可能是一种刺激物，甚至对于那些对花粉热免疫的人来说也是如此。在微风习习的五月，城市公园里会飘着厚厚的悬铃木花粉，而人们在悬铃木附近经常会无法预料地打喷嚏。尽管有些人在春天无法忍受这些，但随着天气变热，人们纷纷涌向公园，游客们自会寻找悬铃木的树荫。

颤杨
Populus tremuloides

　　人们往往不会想到自己能通过声音信号识别植物，但树叶的声音可能很特殊。谁没听过干枯的草在风中发出急促、低沉的沙沙声，或是人行道上常绿的木兰树叶发出的尖锐刺耳的声音？不同直径的空心芦苇丛听起来像是一支由怪异的口哨或长笛组成的管弦乐队，而更大的竹竿在狂风下敲击在一起，营造出打击乐的效果。

　　那颤杨呢？人们对这种树的叶片在风中的声音有各种描述，从"流水声"到"轻微的噼啪声"，再到"一阵骤雨悠扬的起伏声"。就算不是真正的冥想，这也是一种让人放松的声音，而且可能是"白噪声"录音的完美选择。白噪声基本上是一种声波密集、模糊的声音，无法辨别单独的高频和低频音。人工产生的白噪声有时被用于办公环境中，以掩盖交通和其他会分散注意力的随机噪声，从而帮助人们放松下来或集中注意力。徒步旅行者往往觉得在树叶饱满的颤杨附近散步的经历既能让人平静，又振奋人心。尽管这种声音可能令人愉快，但它似乎没有任何实际目的。

颤杨是一种通常为单茎的小型乔木。尽管它的木材质量较差，但它仍是北美最重要的木材之一。颤杨的木材有多种用途，最重要的商业价值是可用于制作刨花板，特别是定向刨花板。该物种原产于从北极到墨西哥凉爽的北部和山区生境，是北美落叶树中分布范围最广的树种之一，并以其独特的无性扩繁特性而闻名。颤杨具有根出条的习性，也就是说，新的植物很容易从蔓延的根中发芽。单个芽被称为分株，相互连接的根系则被称为源株。由于来自一个源株的所有分株在基因上是相同的，因此它们属于无性系群落，而一些单独的群落则由数百甚至数万个单独的分株组成。位于美国犹他州的一个颤杨群落被称为潘多（Pando，"我扩散"的拉丁语），其占地面积超过40公顷。该群落有4万多个分株，总重量估计为6 000吨，是地球上最大的生物。虽然单个分株的寿命通常不到130年，但源株可能有数千年的历史。根出条的生活方式是对周期性森林火灾和其他地上灾难的有效适应。火灾易发地区的颤杨群落通常表现为同龄分株，这表明植株经常在个体正常死亡之前被全部摧毁，并被局部再生所取代。

颤杨、棉白杨和杨树都是杨属（*Populus*）的亚群，也是杨柳科的成员。像柳树一样，杨树通常是生长迅速、木质柔软的落叶树，喜欢潮湿、开阔的场地，而颤杨则特别适应冬季积雪带来的水分。杨树原产于北半球的温带地区。这些物种都是风媒传粉的，两性花分别以柔荑花序的形式着生在不同的树上。例如，著名的潘多群落就是雄性克隆系。

也许比其他特征都更值得一提的是，颤杨以其苍白色的光滑树皮而闻名。虽然老树的树皮从来不是真正的白色，但是间断分布的水平深色皮孔和稀疏相间的不规则菱形黑色枝痕，与浅色的树皮形成了鲜明的对比。非常古老的植株树皮颜色更深，大体上有些皱纹，但只分布在地面附近。大多数颤杨的树冠呈椭圆形到圆形，但通常是稀疏而开放的，只有少数次枝从主茎上伸出。这种结构使雪很容易堆积在树的底部。

颤杨螺旋状排列的叶子很宽，呈圆形到心形，但与其他杨树叶相比就显得很小。叶片正面是深绿色，背面是灰蓝色，往往有细小到圆形的缘齿。颤杨呈现季节性叶异型现象。季节性叶异型现象的特点在于存在不同的"早"叶和"晚"叶。早期叶片（即第一次展开的叶片）来源于预先形成的组织，这些组织以紧密卷曲、未膨胀的叶片形式在芽中越冬，而晚期叶片的组织在早期叶子生长后才开始发育和膨大。一般来说，少量的早期叶片聚集在嫩枝的底部，而晚期叶片可能明显更大，沿着茎分布的间隔更宽，并且通常比早期叶片更大、更像三角形。

颤杨叶片最显著的特征是叶柄，它与叶片的平面成直角，使其能够产生独特的颤动。即使在最温和的微风中，树叶也会摆动和翻滚；也就是说，它们在垂直扭转的同时还会左右摇摆。声音的强度取决于树叶颤动的程度，而非树叶或茎的摩擦。这些树叶既吸引人观看，也吸引人倾听，它们不同寻常的结构对树木来说有着相当大的生物学优势。研究表明，与处于固定位置，因而长时间远离光照的叶片相比，颤杨树冠顶部的叶片几乎不停地运动，这在单个叶片的最大光照拦截方面具有优势。叶片运动也增加了穿过树冠的光照，使原本被遮蔽的叶片受益。

颤杨不像杨树或柳树那样能很好地适应潮湿的环境，它大体上更能忍受炎热、干燥的环境。造成这种干旱适应性的原因之一还是可以归结于扁平的叶柄。叶片几乎不停地运动减少了持续的阳光照射和叶片受热，导致了蒸散量的减少。真是酷啊！

虽然在树木形态或夏季树叶颜色上似乎没有地域性的可辨别差异，但各个无性系之间往往存在着显著的区别，并且只有在秋季才变得明显。这在有多个无性系群体的山坡上有时非常突出。树叶的颜色变化可以从柔和的黄色到明亮的铬黄色，偶尔还有朱红色和淡红色。

颤杨是多种食草动物的食物来源。有蹄类动物（鹿、麋鹿、驼鹿等）全年以嫩枝为食。在冬天，豪猪、兔子及其他小型哺乳动物出没在厚厚的深雪表面，或隐藏在雪面下，它们以光滑的幼嫩树皮和冬芽为食。树叶有时会受到山杨橘潜蛾（*Phyllocnistis populiella*）的侵扰，这种潜蛾在叶片内部觅食，在叶面上留下不规则的、通常十分吸引人的银色痕迹。在某些年份，潜蛾会堆积到令人烦扰的程度，导致树木过早落叶，但树木总是会恢复。杨瘿会影响所有杨属物种，它们一般是由专门的瘿绵蚜（*Pemphigus spp.*）引起的，这些蚜虫会穿透植物组织（主要是叶片和叶脉）并产卵，植物的反应则是在发育中的幼虫周围形成一层组织壁，即虫瘿。蚜虫不是唯一与杨瘿有关的昆虫。杨树叶柄瘿蛾（*Ectoedemia populilla*）会在叶柄上形成大的虫瘿，这无疑会影响受侵染的颤杨树叶的生物力学。尽管如此，虫瘿和其他有害物质一样，对树木健康几乎没有负面影响，即使是严重的破坏也会从下方看不见的源株中重新长出嫩枝。颤杨无论生长在哪里，都会继续发出令人愉快的颤动声。

致 谢

感谢在这本书出版过程中帮助我们的人们。感谢双路出版社的凯特·休森和凯特·克雷吉帮助我们达成目标,感谢凯特·休森的原创灵感。感谢凡妮莎·汉德利有关树木物种的想法和建议,并分享参考图片以用作插图。凯伦·贾斯蒂斯进行了大量的编辑工作,苏珊娜·贝利斯对部分初稿提供了实用建议。感谢我们的妻子,丹的妻子萨丽卡和道格拉斯的妻子凯伦,在整个写作过程中付出的耐心和给予的支持。当然也感谢树木本身,因为它们提供了源源不断的魅力,是我们取之不尽的灵感来源。

术语表

Alternate 互生

　　叶、芽或分枝着生于茎的不同高度；相对于对生（指叶着生于茎上的相邻或者相对位置）。

Arborescent 树木状的

Armature 防卫器官

　　通常硬化、锐化的可提供保护作用的变态植物组分。

Bract 苞片

　　具有保护作用的变态叶，生长在花序、芽或新生的茎上。

Compound leaf 复叶

　　在一个分枝或不分枝的叶轴上着生多枚具关节的小叶。

Decussate 交互对生

　　对生叶、芽或分枝以90度着生于下层的对生叶上。

Epiphyte 附生植物

　　指一种植物生长在另一种植物上，但并不从寄主植物上直接获取营养。

Glaucous 表面起白霜的

　　呈现带暗灰的绿色或蓝色；覆有蓝色的粉状蜡霜。

Heterophylly　叶异型（形容词heterophyllous，具有异形叶的）

　　叶片形状的多样化。

Inflorescence　花序

　　指花枝，包括主轴、所有分枝和花。

Lignin　木质素

　　存在于植物细胞壁中的复杂有机多聚物，能使细胞壁坚硬且木质化。

Morphology　形态

　　关于形状和外部结构的描述。

Ovate　卵圆叶、卵圆形

　　轮廓呈卵圆形。

Ovoid　卵形体

　　三维特征呈卵形。

Palmate　掌状

　　描述三个及以上由中心点辐射而出的齿叶、叶脉或其他结构。

Petiole　叶柄

Pathogenic　致病的

Phyllotaxy　叶序

　　叶片在茎上的排列方式。

Pinnately compound　羽状复叶

　　叶片具有中心轴，侧生小叶排布在中心轴的两侧。

Rachis　叶轴

　　叶柄上羽状复叶或蕨叶的中心轴。

Senescence　衰老

随着年龄逐渐退化。

Sepal　萼片

组成最外层花轮的单元。在许多植物中通常为绿色，形成花芽的保护层。

Stipule　托叶

叶状分枝，通常成对生长在叶柄基部；有时可作为越冬芽的保护层。

Ungulate　有蹄类动物

延伸阅读

A Natural History of Trees of Eastern and Central North America. Donald Culross Peattie (author) and Paul H. Landacre (illustrations). Boston: Houghton Mifflin, 1966.

Conifers of the World: The Complete Reference. James E. Eckenwalder. Portland: Timber Press, 2009.

Global Invasive Species Database: www.iucngisd.org/gisd.

Palms Throughout the World. David L. Jones. Washington, DC: Smithsonian Institution Scholarly Press, 1995.

Plants of the World: An Illustrated Encyclopedia of Vascular Plants. Maarten J. M. Christenhusz, Mark Wayne Chase and Michael Francis Fay. Richmond: Kew Publishing, 2017.

The IUCN Red List of Threatened Species: www.iucnredlist.org.

The Tree: A Natural History of What Trees Are, How They Live, and Why They Matter. Colin Tudge. New York: Three Rivers Press, 2005.

Trees and Shrubs Online: http://treesandshrubsonline.org.

Trees, Their Natural History 2nd Edition. Peter Thomas. Cambridge: Cambridge University Press, 2014.

Tropical and Subtropical Trees: An Encyclopaedia. Margaret Barwick. Portland: Timber Press, 2004.

World list of plants with extrafloral nectaries: www.extrafloralnectaries.org. 2015.

"天际线"丛书已出书目